ONE POT
원팟

ONE POT
POT

냄비 하나로 완성하는 건강한 가정 요리 120+

마샤 스튜어트 리빙 지음 | 나윤희 옮김

원팟

티나

원팟

초판 1쇄 발행   2017년 6월 1일
초판 2쇄 발행   2018년 11월 30일

지은이   마샤 스튜어트 리빙
옮긴이   나윤희
펴낸이   한승수
펴낸곳   티나

편 집   조예원
마케팅   안치환
디자인   김연수

등록번호   제2016-000080호
등록일자   2016년 3월 11일

주 소   서울특별시 마포구 연남동 565-15 지남빌딩 309호
전 화   02 338 0084
팩 스   02 338 0087
E-mail   hvline@naver.com

ISBN   979-11-957650-8-9 03590

ONE POT : 120 + Easy Meals from Your Skillet, Slow Cooker, Stockpot, and
More From the Kitchens of Martha Stewart Living
Copyright © 2014 by Martha Stewart Living Omnimedia, Inc.
All rights reserved.
This Korean edition was published by Moonyechunchusa in 2017 by arrangement with
Clarkson Potter / Publishers, an imprint of the Crown Publishing Group, a division of Pen-
guin Random House LLC through KCC(Korea Copyright Center Inc.), Seoul.

사랑하는 사람에게 간편하고
영양가 있는 음식을 먹이고자
노력하는 모든 이에게 바칩니다.

차례
Contents

【일러두기】
· 소금은 알갱이가 굵은 소금을 사용하고 후추는 통후추를 신선하게 갈아 쓰는 것을 권합니다.
· 따로 언급이 없는 허브는 이파리 부분만 사용합니다.
· 1컵 분량은 100㎖를 기준으로 합니다.

Introduction
들어가기

이 책은 참 적절한 시기에 세상에 나왔습니다. 인생을 살면서 반드시 해야만 하는 생활 속 의무들은 우리를 주방과 흥미로운 전기 제품들로부터 멀어지게 했지요.

여기에 훌륭한 해결책이 있습니다. 이른바 '원 팟 솔루션'입니다. 우리는 이 요리 방법들로 맛있고 건강한 데다, 간단하기까지 한 요리를 매일 식탁 위에 올릴 수 있게 되었습니다. 요리 준비 과정을 훨씬 간단하게 줄여준 것은 물론, 뒷정리하는 데 걸리는 시간을 단축시킨 것은 말할 것도 없습니다.

원 팟 요리들은 건강하고 구하기 쉬운 재료들을 사용하여 다양한 맛과 질감을 만들어내기 위해 고안되었습니다. 여섯 가지의 조리 기구를 사용하여 만드는 요리들은 각각의 독특한 특징을 여과 없이 보여줍니다. 더치 오븐은 천천히 부드러운 결과물을 만들어냅니다. 스킬렛은 기름에 재빨리 볶는 요리에 이상적인 조리 기구입니다. 압력솥은 재료를 푹 끓이는 데, 로스팅 팬은 다른 재료들을 더해 단순히 굽는 것 이상의 요리를 만들어낼 수 있습니다. (옆 페이지의 아스파라거스와 감자를 곁들인 양고기를 보세요.) 슬로우 쿠커는 단 몇 분 동안 재료들을 한데 집어넣기만 하면 몇 시간이고 알아서 요리를 완성합니다. 구식 압력솥은 이제 부엌에서 새롭게 사랑받는 조리 기구가 되었습니다. 오랜 준비 시간을 단축하고 놀라운 맛을 유지하면서, 색상과 맛을 향상시키지요. 새로 나오는 제품들은 '빈티지' 모델만큼 우리를 두렵게 만들지 않는 적당한 가격입니다.

여러분은 이미 주방에 필요한 조리 기구들을 갖고 있을 겁니다. 이 책이 당신과 가족, 친구들을 위해 매일매일 훌륭한 요리들을 창조하는 데 도움이 될 수 있기를 바랍니다.

Martha Stewart

마샤 스튜어트

추신. 우리는 디저트도 잊지 않았습니다. 많은 시간과 노력을 요구하지 않는 간소화한 저녁 메뉴에 이어 열 가지 피날레(케이크, 쿠키, 과일 디저트와 그 외 간단한 디저트류)를 포함시켰습니다.

Dutch Oven
더치 오븐

더치 오븐은 전형적인 '한 냄비 요리'에 이상적인 도구입니다. 오랫동안 뭉근하게 끓이는 스튜나, 포크로 찢을 수 있는 연한 육질의 고기와 채소를 구워 저온에 오래 요리할 수 있어요. 묵직하고 근사한 냄비는 레인지에서 조리하다 오븐에 넣어 조리할 수도 있고, 심지어 저녁 테이블 중앙에 그대로 올려도 무리가 없답니다.

기본 사항

더치 오븐은 보통 무쇠로 만든 뚜껑이 있는 냄비를 통칭합니다. 프렌치 오븐이라고 불리기도 해요.('브레이저'라는 이름의 냄비도 더치 오븐과 유사하지만 보통 깊이가 더 얕습니다). 어떤 이름으로 부르는지에 상관없이 이 용기는 스튜를 끓이고 브레이징(재료를 먼저 구워 색을 내고 액체를 넣어 조리하는 방식)에 뛰어납니다. (스튜 방식과 브레이징의 가장 큰 차이점은 스튜는 보통 작게 썬 고기와 액체를 더 많이 사용하고 후자는 더 큰 크기의 고기와 소량의 액체를 사용한다는 점입니다.) 두 가지 기법 모두 돼지고기 목살이나 소고기 목심과 같은 질긴 부위의 고기 요리에 공통적으로 사용합니다. 조리 시간이 수시간 걸리기도 하지만 계속 지켜볼 필요가 없고, 그 기다림은 곧 맛있는 음식으로 보상받을 수 있습니다.

닭고기나 소시지처럼 재료가 익는 데 장시간이 걸리지 않더라도 다음 두 단계의 과정은 유용합니다. 고기의 색을 내기 위해 굽는 과정에서 더치 오븐 자체에 깊은 맛을 낼 수 있는 바탕이 생기지요. 그다음 액체를 넣고 천천히 조리하면서 맛이 골고루 어우러지게 합니다.

조리 팁

• 고기의 색을 내는 과정을 서두르지 않습니다. 더치 오븐을 불에 올리고 오일을 두른 후 필요하면 고기의 분량을 나누어 굽는 것이 좋아요. 한꺼번에 많은 양의 재료를 팬에 넣으면 고기가 구워져서 색이 나는 것이 아니라, 쪄지는 결과를 초래할 수 있습니다. 색이 잘 올라올 때까지 고기를 움직이지 않고, 바닥에서 쉽게 떨어질 때가 고기를 뒤집는 타이밍입니다. (집게를 사용하세요!) 레시피에 따로 명시되어 있지 않으면 모든 면에 색을 내도록 합니다.

• 고기에 색을 낼 때 더치 오븐 바닥의 색이 너무 진해지면 불을 줄입니다. 나눈 분량의 첫 분량을 굽고 난 후 바닥에 타서 눌어붙은 것이 있으면 키친타월로 닦아내고 오일을 더 두릅니다.

• 조리를 하는 동안에는 국물을 약 불에 뭉근하게 끓입니다. 보통은 레인지 위에서 끓이지만 오븐에서 약한 온도(135~150℃)로 끓일 수도 있지요. 레시피에서 정한 방식이 있더라도 본인이 원하는 방법을 사용해도 됩니다. 요리를 하다 보면 레인지에 화구가 하나 더 필요하다거나 오븐을 다른 용도로 사용해야 할 때도 있기 마련이니까요. 뭉근하게 끓일 수 있도록 불을 조절합니다.

• 미리 준비합니다. 스튜 방식이나 브레이징한 요리는 조리 후 하루 또는 이틀 뒤 맛이 더 깊어집니다. 일정이 바쁜 주나 즐거운 저녁 식사 자리에 이상적이지요.

손에 쥐기 쉬운 손잡이

더치 오븐은 꽉 찬 상태가 아니더라도 빈 냄비 자체로 무거워요. 손잡이가 편해야 오븐 장갑을 끼고도 단단히 잡을 수 있으니 손잡이 모양도 유심히 살펴보세요.

열 손실을 막아주는 꼭 맞는 뚜껑

뚜껑은 수분이 날아가는 것을 방지하기 때문에 천천히 조리해도 요리가 마르지 않아요. 오븐 사용이 가능하도록 내열 기능이 있어야 합니다.

더치 오븐 구조

무쇠 재질은 낮은 온도에서도 과열점이 생기거나 음식이 타지 않고 재료가 잘 익을 수 있게 열기를 고루 전달하고 효율적으로 유지합니다. 더치 오븐을 화려하고 반짝이는 에나멜로 코팅하면 보기에도 매력적이고 관리도 쉬워지며 다용도로 사용할 수 있습니다. (코팅을 하지 않은 검은색의 더치 오븐은 녹이 슬기도 하고 산도가 높은 재료에 반응하기도 합니다.)

사이즈 고르기 팁

5.5~7.5ℓ를 선택하면 실패하지 않아요. 닭 한 마리가 통째로도 들어가고 대량의 스튜를 만들 수 있지만 다루기 어려운 크기는 아니랍니다. 원형이냐 타원형이냐 고르는 것은 개인 취향에 맞춰 선택하세요.

Beef Stew with Noodles

에그누들을 넣은 비프 스튜

조리 시간 20분 / 총 소요 시간 1시간

이 비프 스튜에는 두 가지 기발한 반전이 있답니다. 고기는 보통 스튜에 사용하는 크기보다 작게 잘라 조리 시간을 줄이고, 에그누들도 더치 오븐에 바로 넣어 조리한다는 점이지요. **4인분**

뼈를 제거한 소고기 어깻살 910g
 : 1.5cm 크기로 깍둑썰기 해주세요.

굵은소금과 후추

식물성 식용유(요리유) 2큰술

중간 크기 양파 1개 : 세로로 썰어주세요.

중력 밀가루 2큰술

저염 닭 육수 5컵 반

물 3컵

당근 225g : 2.5cm 크기로 썰어주세요.

중간 크기의 러셋 감자 2개
 : 껍질을 벗기고 1.5cm 크기로 썰어주세요.

에그누들 2컵

이탈리안 파슬리 3큰술 : 곱게 다져주세요.

레드 와인 비니거 1작은술

1. 소고기를 소금과 후추로 밑간합니다. 큰 더치 오븐을 센 불에 올리고 식용유를 두른 후, 소고기의 분량을 나누어 색이 날 때까지 6분 동안 구워주세요.

2. 양파를 넣고 소금, 후추로 양념합니다. (필요하면 불을 줄이고) 양파가 부드러워질 때까지 5분 정도 익혀주세요.

3. 밀가루를 넣고 1~2분 더 익힙니다. 육수와 물을 붓고 잘 저으면서 바닥에 눌어붙은 부분을 나무 스푼으로 긁어내세요. 한 번 끓어오르면 불을 줄이고 소고기가 부드럽게 익을 때까지 25분 정도 뭉근하게 끓입니다.

4. 당근과 감자를 넣고 감자가 익을 때까지 10분간 끓입니다.

5. 에그누들을 넣고 익을 때까지 8분 더 끓여주세요. 소금과 후추로 간을 하고 다진 파슬리와 비니거를 올려 마무리하면 완성입니다.

기발한 아이디어

소고기 스튜처럼 기름진 음식에 비니거를 넣으면 맛이 잘 정돈됩니다. 약간의 산도를 더해주면 요리 전체가 빛날 거예요. 다른 스튜와 수프에도 시도해보세요.

더치 오븐

Chicken and Dumplings
덤플링을 넣은 치킨 스튜

조리 시간 20분 / 총 소요 시간 45분

주변에 행복하게 해주고 싶은 사람들이 있나요? 그렇다면 쌀쌀해진 어느 날 허브와 함께 반죽한 덤플링을 넣은 이 소박한 치킨 스튜를 대접해보세요. (언제 대접해도 환영받을 거예요.) **6인분**

치킨 스튜

뼈와 껍질을 제거한 닭 가슴살 570g
    : 2cm 크기로 썰어주세요.

그린빈 225g : 2.5cm 크기로 썰어주세요.

굵은소금과 후추

무염버터 3큰술

작은 양파 1개 : 곱게 다져주세요.

당근 3개 : 1.5cm 크기로 썰어주세요.

셀러리 2줄기 : 얇게 썰어주세요.

다진 신선한 타임 줄기 2큰술 : 곱게 다져주세요.

중력 밀가루 ⅓컵

저염 닭 육수 3컵

덤플링

중력 밀가루 1컵

베이킹파우더 1작은술

굵은소금 1작은술

이탈리안 파슬리 2큰술

우유 ½컵

1. 중간 크기의 더치 오븐을 중-강 불에 올리고 버터를 녹입니다. 다진 양파와 당근, 셀러리, 타임을 넣고 양파가 투명해질 때까지 4분 동안 볶아주세요.

2. 밀가루를 넣고 1분 동안 저어준 후 서서히 육수를 붓고 계속 저으면서 끓입니다. 육수가 끓기 시작하면 닭 가슴살을 넣고, 다시 끓어오르면 불을 줄이고 5분 정도 뭉근하게 끓입니다.

3. 그린빈을 넣은 후 소금과 후추로 간을 하면 스튜 완성입니다.

덤플링 만들기

밀가루, 베이킹파우더, 소금을 거품기로 섞은 후 다진 파슬리를 넣고 섞어줍니다. 패스트리 블렌더 또는 칼 두 개를 사용해 반죽이 굵은 곡물처럼 될 때까지 버터를 섞어주세요. 우유를 넣고 포크를 사용해 반죽 형태로 만들고 스푼으로 반죽이 수북이 올라오게 뜬 후 스튜에 넣어주세요. 뚜껑을 덮고 덤플링이 익을 때까지 12분가량 뭉근하게 끓인 후 다진 파슬리를 올려 마무리합니다.

Carnitas Tacos

까르니타스 타코

조리 시간 15분 / 총 소요 시간 1시간 15분

이 멕시코식 돼지고기 요리는 물에 뭉근히 끓인 후 색이 나게 구워 완성합니다. 그렇게 만들어진 부드 럽고 바삭한 고기를 토핑과 토르티야와 함께 테이블에 내면 타코 완성! **타코 12개용**

뼈 없는 돼지 목살 910g : 4cm 크기로 썰어주세요.

굵은소금과 후추

옥수수 또는 밀가루 토르티야 12장
    : 내기 전에 굽거나 따뜻하게 데워 준비하세요.

작은 양파 1개 : 잘게 다져 준비하세요.

신선한 고수 ½컵

과카몰리 또는 깍둑 썬 아보카도

사워크림

래디시(적환무) : 얇게 저며 준비하세요.

라임 : 웨지 모양으로 썰어 준비하세요.

1. 중간 크기의 더치 오븐에 돼지고기를 넣고 물이 1.5cm 정도 올라오게 부은 후 중-강 불에서 급속히 끓입니다. 돼지 고기를 한 번씩 뒤집으면서 물이 다 증발할 때까지 45분 정도 삶아주세요. 소금과 후추로 넉넉하게 간을 해주고 고 기를 자주 뒤집으면서 모든 면에 색이 나고 바삭하게 될 때까지 12분 동안 익힙니다.

2. 완성된 까르니타스를 접시에 옮깁니다. 토르티야, 양파, 고수, 과카몰리 또는 아보카도, 사워크림, 래디시, 라임을 함 께 냅니다.

과카몰리 만들기

으깬 아보카도 두 개와 다진 할라피 뇨 한 개에 신선한 고수를 다져 넣고, 라임즙을 넣은 후 소금, 후추로 간하 면 완성입니다.

사프란

크로커스 꽃의 암술머리를 칭하며 일반적으로 사프란으로 알려져 있습니다. 세계에서 가장 비싼 향신료이지만 몇 가닥만 넣어도 요리에 색과 향이 확실히 살아난답니다.

Arroz con Pollo

아로스 콘 뽀요

조리 시간 25분 / 총 소요 시간 1시간

스페인식 풍미를 살린 치킨 라이스 요리입니다. 다양하게 변형된 치킨 라이스는 스페인과 남미에서 사랑받는 요리지요. 이 버전은 그린 올리브를 보석처럼 박아주고 와인, 양파, 마늘, 월계수 잎, 사프란의 자극적인 풍미를 우려내는 것이 특징입니다. **6인분**

드라이 화이트 와인 ½컵

사프란 한 꼬집

뼈 있는 닭 허벅지 살 6조각 (각 170g)

굵은소금과 후추

엑스트라 버진 올리브유 2큰술

큰 양파 1개 : 곱게 다져주세요.

곱게 간 마늘 2큰술

큰 토마토 1개 : 다져주세요.

월계수 잎 2장

낟알이 짧은 단립종 쌀 (발렌시아 쌀 선호)

저염 닭 육수 3컵

피망을 넣은 올리브 1컵 : 물기를 빼주세요.

1. 오븐을 190℃로 예열합니다. 볼에 와인과 사프란을 섞어주세요.

2. 닭을 소금과 후추로 밑간합니다. 큰 더치 오븐이나 바닥이 넓고 얕은 전골용 더치 오븐을 중-강 불에 올리고 올리브유를 두릅니다. 닭 껍질이 아래로 가게 놓고 색이 날 때까지 6~7분 익혀주세요. 닭을 뒤집고 2분 정도 더 익힌 후 접시에 옮겨둡니다.

3. 더치 오븐에 있는 기름을 2큰술 정도만 남기고 따라 버립니다. 여기에 양파와 마늘을 넣고 잘 저어주면서 투명하게 될 때까지 4분 동안 볶아주세요.

4. 토마토를 넣고 저어주면서 부드러워질 때까지 5분 정도 익힙니다. 사프란을 섞은 와인과 월계수 잎, 소금 ½작은술, 후추 ¼작은술을 넣어주세요. 와인이 거의 다 날아갈 때까지 5분 동안 끓입니다.

5. 쌀과 육수, 올리브를 넣습니다. 닭의 껍질 부분이 위로 가도록 쌀 사이에 넣고 한소끔 끓으면 뚜껑을 덮고 오븐에 넣어주세요. 육수가 모두 흡수되고 닭이 다 익을 때까지 30분 동안 끓입니다. 오븐에서 꺼내 10분 정도 뜸을 들이고 테이블에 내면 완성입니다.

Gigante Beans with Feta and Arugula

페타 치즈와 아루굴라를 넣은 자이언트빈

조리 시간 30분 / 총 소요 시간 2시간 35분 (콩 불리는 시간 별도)

이 거대한 콩에 그리스식 이름인 '자이언트'보다 더 어울리는 이름이 있을까요? 자이언트빈을 토마토 소스에 넣고 익히면 거부할 수 없는 부드러운 식감이 살아납니다. 자이언트빈을 구하기 힘들다면 리마빈을 사용해도 좋아요. **4인분**

말린 자이언트빈 225g

엑스트라 버진 올리브유 1큰술 + 완성한 요리에 부을 소량

큰 양파 1개 : 곱게 다져주세요.

마늘 2쪽 : 얇게 저며주세요.

토마토 페이스트 2큰술

홀 토마토 1캔 (795g) : 물기를 빼고 곱게 다져주세요.

물 4½컵

레드 와인 비니거 1큰술

굵은소금

아루굴라(루콜라) 한 다발 (약 5컵)

페타 치즈 56g : 부숴주세요.

신선한 딜 3큰술 : 굵게 다져주세요.

1. 콩에 찬물을 붓고 밤새 불린 후 물을 따라 버립니다. 더치 오븐을 중 불에 올리고 올리브유를 두릅니다. 곱게 다진 양파를 넣고 부드러워질 때까지 10분 동안 익혀주세요.

2. 마늘과 토마토 페이스트를 넣고 향이 올라올 때까지 2~3분 동안 익힙니다.

3. 자이언트빈과 토마토, 물을 넣습니다. 한소끔 끓으면 불을 줄이고 뚜껑을 반 정도 덮어 약 불에서 자이언트빈이 부드러워질 때까지 2시간 동안 뭉근하게 끓입니다.

4. 비니거와 소금 1작은술을 넣고 아루굴라를 섞어주세요.

5. 페타 치즈와 딜을 올리고 올리브유를 조금 부어 내면 완성입니다.

아루굴라

아루굴라는 우리에게 '루콜라'라는 이름으로 더 친숙한 채소입니다. 이탈리아 요리에 많이 쓰이며 루콜라, 아루굴라, 로케트 등 다양한 이름으로 불리고 있어요. 아루굴라는 맛이 강하지 않은 순한 채소와 섞어 먹거나 파르메산 치즈와 함께 먹기도 합니다. 올리브유에 가볍게 볶아 먹거나 육류 요리에 곁들여 먹어도 좋은 채소입니다.

  더치 오븐

페타 치즈와 아루굴라를 넣은 자이언트빈

One Pot, Four Ways
Pork Stew
네 가지 방식의 원 팟 요리 : 포크 스튜

조리 시간 20분 / 총 소요 시간 2시간

돼지 목살은 더치 오븐에 표면을 구운 후 찜 요리를 하기에 가장 좋은 부위이며 가격도 적당합니다. 제철 재료와 함께 요리하면 일 년 내내 맛있는 스튜를 맛볼 수 있답니다. **4인분**

뿌리채소를 넣은 포크 스튜

돼지고기 목살 680g : 2.5cm 크기로 잘라주세요.

굵은소금과 후추

올리브유 3큰술

큰 리크 1대 (흰 부분과 연두색 부분만 사용)
    : 2.5cm 크기로 잘라주세요.

마늘 3쪽 : 얇게 저며주세요.

타임 3줄기

중력 밀가루 2큰술

하드 애플 사이더 1½컵

저염 닭 육수 2½컵

중간 크기의 파스닙 1개 : 껍질을 벗기고 2.5cm 크기로 잘라주세요.

작은 셀러리액 ½개 : 껍질을 벗기고 2cm 크기로 잘라주세요.

작은 루타바가 ½개 : 껍질을 벗기고 2cm 크기로 잘라주세요.

이탈리안 파슬리 ¼컵 : 다져주세요.

1. 돼지고기를 소금과 후추로 밑간합니다. 작은 더치 오븐을 중 불에 올리고 올리브유 2큰술을 둘러주세요. 고기의 분량을 나누어 더치 오븐에 넣고 색이 날 때까지 5분 동안 굽습니다.

2. 접시에 옮겨 담고 남은 오일에 리크, 마늘, 타임을 넣고 리크가 투명해질 때까지 3분 정도 익힙니다. 여기에 밀가루를 넣고 1분 더 익혀주세요.

3. 애플 사이더를 넣고 1분 동안 끓입니다. 육수와 돼지고기를 넣고 다시 한소끔 끓여주세요. 불을 줄인 후 뚜껑을 반 정도 덮고 고기가 부드러워질 때까지 1시간 15분가량 뭉근하게 끓입니다.

4. 파스닙, 셀러리액, 루타바가를 넣고 다시 한소끔 끓입니다. 불을 줄이고 뚜껑을 반 정도 덮어 채소가 익을 때까지 25~30분 이상 뭉근하게 끓입니다.

5. 파슬리를 넣고 소금과 후추로 간을 해주세요.

셀러리액

뿌리 셀러리라고도 불리며 셀러리를 변종시켜 뿌리를 크게 만든 식재료입니다. 일반 셀러리에 비해 줄기는 쓴맛이 나고 얇기 때문에 사용하지 않으며 뿌리만 사용합니다.

루타바가

순무의 일종으로 스웨덴 순무라고도 불립니다. 항아리 모양의 자줏빛을 띠며, 쌉싸름한 겨자향이 나는 특징이 있습니다.

감자와 로즈마리를 넣은 포크 스튜

- 1단계에서 리크 대신 저민 **양파** 1개와 4등분을 한 **양송이버섯** 225g을 넣습니다. 타임은 **로즈마리** 2줄기와 **후추** 1작은술로 대체합니다. 7분간 익혀주세요.

- 2단계에서 애플 사이더 대신 카베르네 쇼비농류의 드라이한 **레드 와인** 2컵을 넣습니다. 육수는 2컵으로 줄이세요.

- 3단계에서 파스닙, 셀러리액, 루타바가를 **감자** 455g으로 대체합니다. 감자는 껍질을 벗기고 2.5cm크기로 썰어 사용하세요.

아스파라거스와 완두콩을 넣은 포크 스튜

- 1단계에서 타임을 뺍니다.

- 2단계에서 애플 사이더 대신 쇼비농 블랑류의 드라이한 **화이트 와인**을 넣고 고기를 1시간 35분 동안 익혀주세요.

- 3단계에서 파스닙, 셀러리액, 루타바가를 2.5cm 크기로 자른 **아스파라거스** 한 다발과 신선한 **완두콩** 1컵으로 대체합니다. (냉동 완두콩을 사용할 경우 다음 단계 참고) 5분 더 익힙니다.

- 4단계에서 파슬리 대신 다진 신선한 **타라곤** 1작은술을 넣습니다. (냉동 완두콩을 사용할 경우 타라곤을 넣을 때 함께 넣어주세요.)

펜넬과 올리브를 넣은 포크 스튜

- 1단계에서 리크와 타임을 저민 양파 1개와 **펜넬 씨** 1작은술, **월계수 잎** 1장으로 대체합니다.

- 2단계에서 애플 사이더 대신 쇼비농 블랑류의 드라이한 **화이트 와인**을 넣어주세요. 육수 대신 **홀 토마토** 1캔(795g)을 갈아 걸쭉하게 만들어 넣습니다.

- 3단계에서 파스닙, 셀러리액, 루타바가를 2.5cm 크기로 자른 **펜넬** 2개와 씨를 제거한 **칼라마타 올리브** 1컵으로 대체합니다.

뿌리채소를 넣은
포크 스튜
24쪽

**감자와 로즈마리를 넣은
포크 스튜**
25쪽

**아스파라거스와 완두콩을 넣은
포크 스튜**
25쪽

**펜넬과 올리브를 넣은
포크 스튜**
25쪽

Chicken Fricassee with Fennel and Artichoke

펜넬과 아티초크를 넣은 치킨 프리카세

조리 시간 30분 / 총 소요 시간 55분

정통 프랑스식 스튜인 프리카세에 펜넬과 아티초크를 넣었더니 저녁 식사에 어울리는 간단하고 감동적이며 우아한 닭고기 요리로 재해석되었네요. **4~6인분**

닭 한 마리 (약 1.8kg) : 10조각으로 잘라 준비하세요.

굵은소금과 후추

엑스트라 버진 올리브유 1큰술

펜넬 잎자루 1개 : 연한 잎은 남겨두고 0.5cm 크기의 웨지 모양으로 잘라주세요.

물에 저장한 아티초크 하트 1캔 (425g) : 물기를 빼주세요.

작은 적양파 1개 : 1.5cm 크기의 웨지 모양으로 잘라주세요.

저염 닭 육수 1컵

레드 와인 비니거 1큰술

다진 이탈리안 파슬리 3큰술

1. 오븐을 220℃로 예열합니다. 닭은 소금 1작은술과 후추 ½작은술로 밑간해두세요. 큰 더치 오븐에 오일을 두른 후, 강 불에 연기가 나지 않을 정도로 달굽니다. 고기의 분량을 나누어 더치 오븐에 색이 날 때까지 10분 정도 골고루 굽고 접시에 옮깁니다.

2. 기름은 1큰술만 남기고 따라 버리고 불을 중-강으로 줄입니다. 펜넬, 아티초크, 적양파를 모두 넣고 색이 날 때까지 2~3분 동안 볶아주세요.

3. 닭을 더치 오븐에 넣고 육수를 부운 후 오븐에 넣습니다. 잘 익을 때까지 20분 동안 삶아주세요. 닭고기와 채소를 접시에 옮깁니다.

4. 더치 오븐을 센 불에 올리고 안에 남은 육수가 ⅓컵 정도가 될 때까지 졸인 후 비니거를 넣어줍니다. 이렇게 만든 소스를 닭고기 위에 올리고 펜넬의 연한 잎과 파슬리를 올리면 완성입니다.

더치 오븐

더치 오븐

Chicken-Tomatillo Stew

치킨 토마티요 스튜

조리 시간 25분 / 총 소요 시간 55분

멕시칸 음식이 생각날 때 이 스튜를 만들어보세요. 토마토와 비슷하지만 연두색을 띠고 톡 쏘는 맛을 가지고 있는 토마티요, 호미니, 고수가 그 주인공입니다. **4~6인분**

토마티요 910g : 겉껍질을 제거하고 반으로 잘라서 준비하세요.

식물성 식용유 1큰술

닭 한 마리 (약 1.8kg) : 날개는 다른 용도에 사용할 수 있도록 남겨두고 10조각으로 잘라주세요.

굵은소금과 후추

할라피뇨 2개 : 기호에 따라 씨를 빼고 다져주세요.

중간 크기 양파 ½개 : 곱게 다져주세요.

마늘 3쪽 : 곱게 다져주세요.

호미니 1캔 (425g) : 물기를 빼주세요.

다진 신선한 고수 ¼컵

1. 푸드 프로세서 또는 블렌더를 사용해 토마티요를 걸쭉하게 갈아주세요.

2. 큰 더치 오븐을 중-강 불에 올리고 식용유를 두릅니다. 소금과 후추로 간을 한 닭은 고기의 분량을 나누어 껍질이 바닥으로 가도록 놓고 색깔이 날 때까지 6분 동안 구운 후 접시에 옮깁니다.

3. 할라피뇨와 양파를 더치 오븐에 넣고 살짝 익을 때까지 5분가량 저으며 볶아주세요. 다진 마늘을 넣고 향이 날 때까지 1분 동안 볶습니다.

4. 토마티요 퓌레와 호미니를 넣은 후 소금, 후추로 간을 합니다. 그 안에 껍질이 위로 오도록 닭을 넣어주세요. 더치 오븐 뚜껑을 덮고 닭이 익을 때까지 약 25분 동안 뭉근하게 끓입니다. 고수를 넣고 소금과 후추로 간하면 요리 완성입니다.

호미니

겉껍질을 벗긴 말린 옥수수 알갱이로, 포솔레라고 부르는 멕시코 스튜에 꼭 들어가는 대표 재료입니다. 마켓이나 남미 식품점에 가면 캔으로 된 제품을 구입할 수 있어요. (188쪽 참고.)

Lamb and Apricot Stew

살구를 넣은 양고기 스튜

조리 시간 30분 / 총 소요 시간 1시간 55분

모로코 전통 스튜인 타진(tagine)은 동일한 이름(tagine)의 흙으로 빚은 그릇에 요리하는데, 더치 오 븐으로도 근사한 요리를 만들 수 있답니다. 쿠스쿠스(수분을 가해 만든 좁쌀 모양의 파스타)나 플랫 브레드와 함께 냅니다. **4~6인분**

올리브유 1큰술

뼈 없는 스튜용 양고기 680g

굵은소금과 후추

큰 양파 1개 : 반으로 잘라 얇게 썰어주세요.

마늘 4쪽 : 얇게 저며주세요.

다이스 토마토 1캔 (410g)

5cm 크기의 생강 1개 : 껍질을 벗기고 채 썰어주세요.

시나몬 가루 ¼작은술

물 2컵

말린 살구 ¾컵

고명용 아몬드 소량
    : 얇게 저민 아몬드를 살짝 구워서 준비하세요.

1. 오븐을 175℃로 예열합니다. 큰 더치 오븐을 중-강 불에 올리고 오일을 둘러주세요. 소금과 후추로 양념한 양고기는 분량을 나누어 더치 오븐에 넣고, 색이 날 때까지 10분 동안 구워 접시에 옮깁니다.

2. 더치 오븐에 양파와 마늘을 넣고 양파가 부드러워질 때까지 5분간 볶아주세요. 더치 오븐에 고기를 넣고 토마토(캔 에 든 액체도 함께), 생강, 시나몬, 물을 넣은 후 소금과 후추로 간을 합니다.

3. 뚜껑을 닫고 더치 오븐을 오븐에 넣은 후 45분 동안 익힙니다. 말린 살구를 넣고 뚜껑을 닫은 후 양고기가 부드럽게 익을 때까지 45분 이상 익혀주세요. 스튜 위에 아몬드를 뿌리면 완성입니다.

더치 오븐

Braised Chicken and Parsnips

치킨 파스닙 찜

조리 시간 20분 / 총 소요 시간 1시간 15분

닭의 겉면을 구워 톡 쏘는 사이더 비니거와 파스닙, 세이지를 넣어 졸이면 가을 겨울 내내 먹고 싶은 요리가 완성됩니다. 이 레시피에서는 현미밥 위에 올려 완성하지만 빵을 함께 내면 소스처럼 찍어 먹기에도 훌륭하지요. **4인분**

뼈 있는 닭 허벅지 살 8조각 (약 910g)

굵은소금과 후추

식물성 식용유 2큰술

리크 2대 (흰 부분과 연두색 부분만 사용) : 얇게 저며주세요.

애플 사이더 비니거 ½컵

파스닙 455g : 껍질을 벗기고 2.5cm 크기로 잘라주세요.

신선한 세이지 잎 10장

저염 닭 육수 1¾컵

1. 오븐을 175℃로 예열합니다. 닭은 껍질을 제거하고 소금과 후추로 양념해주세요. 중간 크기의 더치 오븐을 중-강 불에 올리고 식용유를 두릅니다. 고기의 분량을 나누어 껍질이 있는 쪽을 바닥에 놓고 색이 날 때까지 10분 동안 구운 후 접시에 옮깁니다.

2. 불을 중 불로 내리고 리크를 4분가량 익혀주세요. 비니거를 넣고 나무 스푼을 이용해 바닥에 눌어붙은 것을 긁어냅니다. 파스닙, 세이지, 육수, 빠져나온 육즙을 포함한 닭을 더치 오븐에 넣고 한소끔 끓여주세요.

3. 뚜껑을 덮어 오븐에 넣어주세요. 파스닙이 부드러워지고 닭고기가 다 익을 때까지 50분 동안 익힙니다.

리크 씻는 법

리크 사이사이에는 흙이 많이 들어 있어 깨끗이 세척하는 것이 중요해요. 동그랗게 썬 리크를 찬물이 든 볼에 2분 정도 넣고 한 번씩 저어가며 씻어줍니다. 흙이 나오지 않고 깨끗한 물이 남을 때까지 반복해서 헹궈주세요.

Sausage, Chicken, and White-Bean Gratin

소시지, 치킨, 화이트빈 그라탱

조리 시간 40분 / 총 소요 시간 1시간 10분

카슐레(흰 강낭콩과 여러 가지 고기를 오랫동안 쪄서 만든 프랑스 요리)에서 영감을 받은 영양가 높고 든든한 한 끼가 탄생했습니다. 전통적으로 오리나 거위를 사용하지만 닭 가슴살로 대체했습니다. 분량은 넉넉하니 파티 메뉴로도 훌륭합니다. **10인분**

굵게 간 빵가루 1½컵

간 파르미지아노 레지아노 치즈 ¾컵

이탈리안 파슬리 3큰술 : 다져주세요.

신선한 타임 1큰술 + 1작은술 : 다져주세요.

로즈마리 2작은술 : 다져주세요.

세이지 잎 1작은술 : 얇게 썰어주세요.

굵은소금과 후추

베이컨 115g (약 4장)

뼈와 껍질을 제거한 닭 가슴살 2개 (총 455g)
: 2.5cm 크기로 깍둑 썰어주세요.

단맛이 나는 이탈리안 소시지 680g
: 껍질을 제거하고 1.5cm 크기로 썰어주세요.

마늘 4쪽 : 곱게 다져주세요.

중간 크기의 양파 1개 : 얇게 썰어주세요.

드라이한 화이트 와인 ½컵

카넬리니빈 2캔 (410g) : 깨끗이 헹구고 물기를 빼주세요.

다이스 토마토 1캔 (410g) : 물기를 빼주세요.

저염 닭 육수 1컵

1. 오븐을 190℃로 예열합니다. 빵가루와 간 치즈, 파슬리와 타임 1큰술, 로즈마리 1작은술, 세이지 ½작은술을 넣고 소금과 후추로 간을 해주세요.

2. 더치 오븐을 중 불에 올리고 베이컨이 바삭해질 때까지 5~7분 동안 구워줍니다. 구워진 베이컨은 키친타월에 옮겨둡니다.

3. 닭 가슴살을 더치 오븐에 넣고 색이 날 때까지 6분 동안 구워주세요. 완성되면 접시에 덜어둡니다.

4. 소시지를 넣고 한 번씩 저어가며 색이 날 때까지 5분 동안 굽습니다. 완성되면 접시에 덜어둡니다.

5. 더치 오븐에 기름을 2큰술만 남긴 후 따라내고 마늘과 양파를 넣고 3분 정도 볶아줍니다. 와인을 넣고 액체가 다 증발할 때까지 나무 스푼으로 바닥에 눌어붙은 것을 긁어냅니다. 여기에 닭과 소시지 카넬리니빈, 토마토, 육수, 남은 파슬리 2큰술, 로즈마리와 타임 1큰술, 세이지 ½작은술을 넣고 소금, 후추로 간을 합니다. 빵가루를 얹어주세요.

6. 더치 오븐 뚜껑을 덮고 보글보글 끓어오를 때까지 20분 정도 오븐에서 구워줍니다. 뚜껑을 열고 노릇해질 때까지 10분 동안 더 굽습니다. 남겨둔 베이컨을 부셔서 올리고 살짝 식히면 완성입니다.

더치 오븐

칠리 파우더

레시피에서 말하는 칠리 파우더는 고추를 말려 가루로 만든 칠리 파우더와 달라요. 칠리 파우더는 보통 고춧가루를 포함해 큐민, 마늘, 기타 향신료와 같은 다양한 재료를 혼합한 것이기 때문에 종류마다 맛이 다르답니다. 칠리를 자주 요리한다면 여러 브랜드의 제품을 사용하면서 입맛에 맞는 것을 찾아보세요.

Texas Red Chili

텍사스 레드 칠리

조리 시간 40분 / 총 소요 시간 3시간 45분

텍사스 주에서 칠리의 존재감은 상당한 데다가 끊임없는 논란의 대상이기도 합니다. 하지만 모두가 동의하는 한 가지가 있습니다. 푸짐하고 매콤한 '텍사스 레드'에는 반드시 소고기를 사용하며 절대 콩이 들어가지 않는다는 점이지요. **6~8인분**

소고기 어깻살 1.4kg : 2.5cm 크기로 썰어주세요.

굵은소금과 후추

홍화유 또는 카놀라유 3큰술 + 필요에 따라 여분

중간 크기 양파 2개 + 고명으로 쓸 여분 : 큼직하게 다져주세요.

마늘 7쪽 : 곱게 다져주세요.

할라피뇨 또는 세라노 고추 2개
: 기호에 따라 씨를 제거하고 다져주세요.

칠리 파우더 ½컵

홀 플럼 토마토 1캔 (795g)
: 액체를 함께 갈아 걸쭉하게 만들어주세요.

물 4컵

화이트 비니거 2~3작은술 : 본인 입맛에 따라 준비하세요.

고명용 간 체더치즈

1. 소고기는 소금 2½작은술 후추 ½작은술로 밑간합니다. 중간 크기의 더치 오븐을 중-강 불에 올리고 요리유를 2큰술 둘러주세요. 고기의 분량을 나누어 색이 날 때까지 10분 동안 굽고 필요하면 요리유를 더 넣습니다. 완성되면 접시에 옮겨 담습니다.

2. 남은 요리유에 다진 양파(고명용 여분은 남김)와 마늘, 고추를 더치 오븐에 넣어주세요. 양파가 투명해질 때까지 5분 정도 익히고 더치 오븐 바닥에 너무 눌어붙으면 물을 조금 넣고 나무 스푼으로 긁어냅니다. 칠리 파우더를 넣고 향이 날 때까지 30초 동안 저어줍니다.

3. 소고기와 토마토, 물, 소금 ½작은술을 넣고 한소끔 끓입니다. 불을 줄이고 뚜껑을 반 덮은 채 고기가 부드러워지고 육즙이 걸쭉해질 때까지 2시간 반에서 3시간가량 뭉근하게 끓여주세요. (너무 되면 물을 조금 넣습니다.) 소금으로 간을 하고 비니거를 넣어줍니다. 체더치즈와 양파를 올려 바로 내면 완성입니다.

Spanish-Style Chicken

스페인식 치킨

조리 시간 30분 / 총 소요 시간 1시간

스페인 정통 스타일을 고집하고 싶다면 닭고기 위에 단맛이 나는 스페인 스모크 파프리카 가루인 피멘톤 둘체를 뿌려주세요. 여기에 피퀴오 고추, 셰리 비니거, 그린 올리브를 넣으면 여러 층으로 풍미가 더해진답니다. **4~6인분**

닭 한 마리 (약 1.8kg) : 10조각으로 잘라서 준비하세요.

굵은소금

스모크 파프리카 파우더 ½작은술

엑스트라 버진 올리브유 1큰술 + 필요시 여분

마늘 6쪽 : 곱게 다지세요.

토마토 페이스트 수북이 1큰술

셰리 비니거 ⅓컵

저염 닭 육수 2컵

병에 든 피퀴오 고추 6개 : 길게 썰어주세요.

씨를 제거한 그린 올리브 (체리뇰라 선호)

고명용 다진 이탈리안 파슬리 2큰술

1. 오븐을 205℃로 예열합니다. 닭은 소금과 파프리카 파우더로 양념합니다. 더치 오븐을 중-강 불에 올리고 오일을 둘러주세요. 고기의 분량을 나누어 껍질이 바닥으로 가게 놓고 색이 날 때까지 6~7분 익히고 필요하면 오일을 더 두릅니다. 고기를 뒤집고 2분가량 더 익힌 후 접시에 옮깁니다.

2. 불을 약 불로 줄이고 다진 마늘과 토마토 페이스트를 넣은 후 나무 스푼으로 바닥에 눌어붙은 것을 긁어냅니다. 닭을 더치 오븐에 넣고 다시 불을 높이고 비니거를 부어주세요. 국물이 졸아서 윤기가 날 때까지 저어가며 끓입니다.

3. 육수를 붓고 한소끔 끓입니다. 고추와 올리브를 넣어주세요. 더치 오븐을 오븐에 옮기고 닭고기가 잘 익고 국물이 반으로 줄 때까지 25분가량 익힙니다. 파슬리를 올려 마무리하면 완성입니다.

더치 오븐

Chicken with Creamy Corn and Bacon

옥수수와 베이컨을 넣은 크림소스 치킨

조리 시간 30분 / 총 소요 시간 1시간 15분

다양한 풍미와 식감을 혼합해 미각을 즐겁게 해볼까요? 닭고기, 쿠스쿠스, 베이컨, 옥수수를 우유에 졸여 실크처럼 부드러운 요리를 완성했습니다. 아루굴라의 색과 아삭함은 여기서 더욱 환영받을 거예요. **4인분**

뼈 있는 닭다리 4개

굵은소금과 후추

엑스트라 버진 올리브 오일 2큰술 + 구울 때 여분

두껍게 자른 베이컨 170g (약 3장)
    : 1.5cm 크기로 썰어 준비하세요.

중간 크기의 양파 1개 : 곱게 다져주세요.

마늘 한 톨 : 껍질은 그대로 분리해둡니다.

이스라엘 또는 펄 쿠스쿠스 ¾컵

우유 ½컵

타임 3줄기 + 여분의 이파리 2작은 술

냉동 옥수수 1컵 : 해동하여 준비하세요.

베이비 아루굴라 56g

고명용 신선한 레몬즙

1. 닭고기는 소금과 후추로 밑간합니다. 큰 더치 오븐을 중-강 불에 올리고 오일을 둘러주세요. 고기를 나누어 더치 오븐에 넣고 골고루 색이 나도록 7분가량 굽습니다. 구운 닭을 접시에 옮기고 기름은 따라냅니다.

2. 더치 오븐에 베이컨을 넣고 바삭해질 때까지 5분가량 구워줍니다. 기름을 1큰술만 남기고 따라냅니다. 양파, 마늘, 쿠스쿠스를 넣고 쿠스쿠스가 노릇해질 때까지 5분가량 볶아줍니다

3. 우유와 타임 줄기를 넣고 한소끔 끓입니다. 여기에 옥수수와 타임 이파리를 넣은 후 뚜껑을 덮고 국물이 모두 흡수될 때까지 20분 동안 익힙니다. 쿠스쿠스를 네 접시에 나누어 담고 그 위에 닭과 아루굴라를 올립니다.

4. 소금과 후추로 간을 하고 테이블에 내기 전에 레몬즙과 오일을 살짝 부어주면 완성입니다.

Cajun Stew
케이준 스튜

조리 시간 20분 / 총 조리 시간 50분

이 레시피에는 케이준 요리의 트레이드 마크가 되는 모든 재료가 들어갑니다. 앙두이 소시지, 새우, 카이엔 페퍼가 주인공이지요. 그뿐만 아니라 루를 만들어 양파, 셀러리, 피망의 '삼위일체'가 일어납니다. 밥이나 껍질이 딱딱한 빵을 함께 내도 좋아요. **6인분**

식물성 식용유 2큰술
중력 밀가루 2큰술
적양파 1개 : 얇게 썰어주세요.
마늘 2쪽 : 곱게 다져주세요.
셀러리 2줄기 : 큼직하게 썰어주세요.
붉은 또는 녹색 피망 1개 : 큼직하게 썰어주세요.
카이엔 페퍼 ¼작은술

굵은소금
다이스 토마토 1캔 (795g)
물 1½컵
앙두이 또는 킬바사 소시지 340g : 1.5cm 크기로 썰어주세요.
냉동 오크라 340g : 해동해서 준비합니다.
알이 굵은 새우 225g : 껍질을 벗기고 내장을 손질해주세요.

1. 바닥이 넓고 높이가 낮은 더치 오븐이나 중간 크기의 더치 오븐을 중 불에 올립니다. 식용유와 밀가루를 넣고 갈색이 될 때까지 5분 동안 계속 저어주세요.

2. 양파, 마늘, 셀러리, 피망을 넣고 아삭아삭한 식감이 살아 있을 정도로 7분가량 볶아줍니다. 카이엔 페퍼와 소금 ½작은술을 넣습니다.

3. 토마토(캔에 들은 액체도 함께), 물, 소시지를 넣어주세요. 한소끔 끓인 후 불을 줄이고 뚜껑을 반 정도 덮어 살짝 걸쭉해질 때까지 25분가량 뭉근하게 끓입니다.

4. 오크라를 넣고 3분 동안 끓입니다. 새우를 넣고 불투명해질 때까지 3~4분가량 더 익힌 후 소금으로 간을 하면 완성입니다.

오크라
오크라는 조리를 하면 끈끈한 물질이 나오는데 스튜에 넣어 국물을 걸쭉하게 만드는 역할을 합니다.

더치 오븐

Beer-Braised Sausages with Potatoes

맥주에 감자와 조린 소시지

조리 시간 35분 / 전체 시간 1시간 15분

요리에 맥주를 사용해본 적이 없다면 얼마나 맛있는 소스가 되는지 놀랄 거예요. 옥토버페스트에서 영감을 받은 이 요리에 돼지고기 소시지 대신 칠면조 소시지를 넣어도 좋아요. **4인분**

엑스트라 버진 올리브유 2큰술

돼지고기 소시지 680g

중간 크기 양파 1개 : 얇게 썰어주세요.

페일 에일 350㎖

레드 포테이토 680g : 반으로 잘라 준비하세요.

물 2컵

굵은소금과 후추

레드 와인 비니거 1큰술

다진 이탈리안 파슬리 2큰술

1. 큰 더치 오븐을 중-강 불에 올리고 오일 1큰술을 두릅니다. 소시지를 넣고 고루 색이 날 때까지 8분 동안 익혀주세요.

2. 양파를 넣고 7분 정도 익힙니다. 에일, 레드 포테이토, 물을 넣고 소금과 후추로 간을 한 후 감자가 물에 잠기도록 잘 눌러주세요. 한소끔 끓으면 뚜껑을 덮고 중 불로 줄인 후 감자가 익을 때까지 20분가량 익힙니다.

3. 소시지는 음식을 낼 접시에 옮기고 따뜻하게 유지해주세요. 큰 볼에 남은 오일과 비니거, 파슬리를 섞고, 흘림 국자를 이용해 더치 오븐에 있는 감자와 야채를 드레싱에 넣어 버무려 섞어줍니다. (더치 오븐에 있는 육즙은 남겨두세요.)

4. 더치 오븐을 다시 센 불에 올리고 육즙이 1컵 정도가 될 때까지 12분가량 졸입니다. 드레싱에 섞은 감자를 소시지가 있는 접시에 덜고 소스를 반 정도 부어줍니다. 남은 소스는 덜어서 소시지, 감자와 함께 냅니다.

Baked Risotto with Carrots and Squash

당근과 버터넛 스쿼시를 넣은 구운 리소토

조리 시간 20분 / 총 소요 시간 50분

아르보리오 쌀에 레드 렌틸콩을 섞고 가을 채소와 함께 요리하면 고기 없이도 화려하고 매력적인 주 요리가 탄생합니다. 남길 리 만무하지만 그래도 남겼다면 다음 날 점심 도시락으로 완벽합니다. **4인분**

식물성 식용유 2큰술

작은 양파 1개 : 작게 깍둑 썰어주세요.

마늘 4쪽 : 다져주세요.

다진 생강 2큰술

큐민 가루 1작은술

굵은소금

중간 크기 당근 3개 : 2cm 크기로 어슷썰기 합니다.

아르보리오 쌀 1컵

레드 렌틸콩 ½컵 : 잘 고르고 껍질을 헹구어 준비합니다.

물 2½컵

작은 버터넛 스쿼시 ½개
: 껍질을 벗기고 씨를 뺀 후 2.5cm 크기로 썰어주세요.

고명용 라임

고명용 고수 줄기 소량

1. 오븐을 205℃로 예열합니다. 중간 크기의 더치 오븐을 중-강 불에 올리고 식용유를 둘러주세요. 양파, 마늘, 생강, 큐민, 소금 1½작은술을 넣고 양파가 투명해질 때까지 3분가량 볶습니다. 당근, 쌀, 렌틸콩을 넣고 1분 동안 볶아준 후 물을 넣고 한소끔 끓입니다.

2. 버터넛 스쿼시를 넣고 다시 한소끔 끓여주세요. 뚜껑을 덮고 오븐에 넣은 후 물이 다 흡수되고 쌀이 익을 때까지 20 분 동안 구워줍니다. 오븐에서 꺼내고 테이블에 내기 전에 뚜껑을 덮은 채로 10분간 뜸을 들입니다. 완성된 리소토 에 라임을 짜고 고수를 올리면 완성입니다.

육수

고기가 들어가지 않는 식사를 만들기 위해 물을 사용했지만 닭 육수를 사용하면 풍미가 더욱 깊어집니다.

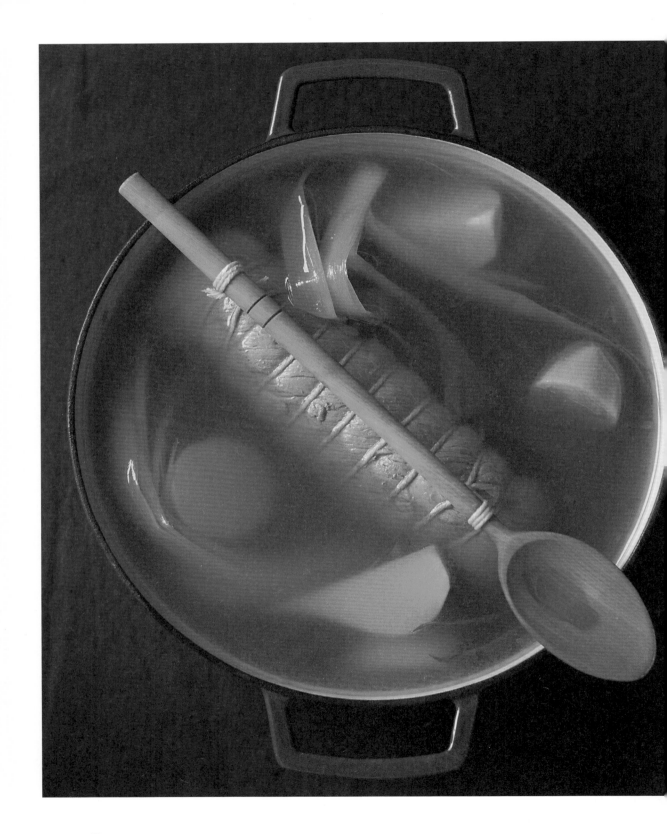

더치 오븐

Beef on a String

비프 온 스트링

조리 시간 50분 / 총 소요 시간 2시간

'뵈프 알 라 피셀'이라는 프랑스식 이름으로 부르거나 영어로 해석된 매력적인 이름으로 불러도 상관 없지만 중요한 것은 이 소고기 안심 요리가 완벽한 저녁 파티 메뉴라는 겁니다. **6~8인분**

소고기 안심 910g : 손질하고 실로 묶어 준비하세요.

엑스트라 버진 올리브유 2큰술

양파 3개 : 작게 깍둑 썰어주세요.

드라이한 화이트 와인 1컵

리크 2대 : 잘 헹구고 길게 반으로 썰어주세요.

터닙 1개 : 껍질을 벗기고 2.5cm 크기의 웨지 모양으로 썰어주세요.

루타바가 ½개
     : 껍질을 벗기고 2cm 크기 웨지 모양으로 썰어주세요.

물 1ℓ

작은 감자 4개 : 껍질을 벗기고 가로로 반 잘라주세요.

굵은소금과 후추

홀스레디쉬 소스와 비트 : 함께 냅니다.

1. 조리용 무명실로 고기 끝까지 묶어주세요. 나무 스푼은 더치 오븐 끝에 중심을 맞출 수 있도록 긴 것으로 준비합니다. (고기가 더치 오븐 바닥에 닿으면 안 돼요.)

2. 더치 오븐을 중-강 불에 올리고 오일을 두릅니다. 양파를 넣고 색이 날 때까지 한 번씩 저어주면서 20분가량 익혀주세요. (양파가 말라붙으면 물을 더 넣어줍니다.) 와인을 넣고 증발할 때까지 4분 동안 저어주고 리크, 터닙, 루타바가, 물을 넣습니다.

3. 한소끔 끓이고 뚜껑을 반 정도 덮어 30분 동안 약 불에 뭉근히 끓입니다. 터닙을 접시에 옮겨주세요. 루타바가는 포크로 찔렀을 때 들어갈 정도로 뭉근히 끓입니다. 루타바가를 접시에 옮겨주세요.

4. 나무 스푼을 더치 오븐 가장자리에 걸어 고기를 넣습니다. 필요하면 고기가 잠길 수 있도록 따뜻한 물을 더 넣어주세요. 감자를 넣고 한소끔 끓입니다. 육수 온도가 90℃를 유지할 수 있도록 불을 조정하고 레어로 익히려면 고기에 꽂은 온도계가 50℃가 될 때까지 30분 동안 익힙니다. 고기는 삶고 난 후에도 계속 익는답니다. 감자를 접시에 옮기고 고기는 호일로 씌운 후 5분 정도 둡니다. 육수는 계속 따뜻하게 삶아주세요.

5. 고기에 묶은 실을 벗기고 썰어줍니다. 육수는 고운 천에 거릅니다. 육수와 채소, 고기를 오목한 그릇에 나누어 담고 소금, 후추로 간하고 홀스레디쉬와 비트를 올려 마무리하면 완성입니다.

Skillet & Sauté Pan

스킬렛 & 소테 팬

이런 만능 도구가 또 있을까요? 스킬렛과 소테 팬은 겉을 그슬려 굽거나 기름에 빠르게 볶거나, 재료를 휘저어 스크램블을 만들거나, 높은 불에 재빨리 볶거나 심지어 오븐이나 불에 굽는 요리를 할 때도 사용할 수 있답니다. 방대하고 다양한 식사를 쉽게 만들 수 있게 해주는 도구입니다.

기본 사항

스킬렛과 소테 팬이라는 용어는 보통 교체 사용합니다. 형태의 차이가 있긴 하지만 팬이라고 부르는 것도 가능합니다. 스킬렛의 테두리는 기울기가 있고 소테 팬의 테두리는 수직으로 올라갑니다. 이어 나올 페이지에서 보겠지만 이 두 팬을 사용해서 다양한 종류의 요리를 만들 수 있어요. 전통 요리 기법 측면에서 보면 둘 다 '소테', 즉 직화 열에 기름을 두르고 재빨리 볶는 데 특히 유용하지요. 소테라는 용어는 프랑스어 동사 '점프하다'에서 왔는데 팬을 흔들었을 때 재료가 튀어 오르는 모습을 참고한 표현입니다. 재료를 '소테' 하면 팬 바닥에 갈색 물질들이 형성되는데, 액체를 넣고 이 부분을 긁어 섞으면 (이 과정을 '디글레이징'이라고 합니다.) 요리의 풍미가 한층 깊어집니다.

무쇠 스킬렛은 그 자체로서 하나의 종류가 됩니다. 무쇠는 잘 달아오르고 열을 골고루 분산시키며 그 열이 오래 지속되기 때문에 폭찹과 같은 음식을 그슬려 굽는 데 선호되고 사용도 용이하지요. 하지만 무쇠가 완벽한 것은 아닙니다. 토마토나 와인 같은 산도가 높은 재료에 반응하기 때문에 음식에서 쇳기가 나기도 합니다. 시즈닝이 되어 있지 않으면 쇠에 녹이 슬기도 합니다. 다행인 점은 무쇠 스킬렛은 쓰면 쓸수록 시즈닝에 좋다는 겁니다.

조리 팁

• 소테를 할 때는 팬에 재료를 넣기 전에 오일을 두르고 충분히 예열합니다. 오일이 차가우면 음식이 흡수해 버립니다. 팬에 재료를 너무 많이 넣으면 음식이 볶아지는 것이 아니라 쪄지는 수가 있으니 필요하면 분량을 나누어 조리하세요.

• 재료를 빠르게 볶으려면 재료가 부드럽고, 동일한 크기와 두께인 것이 좋습니다. 볶기 전에 재료를 상온에 충분히 두도록 합니다.

• 논 스틱 팬에 대하여 - 특정 요리(달걀을 생각해볼까요?)를 하는 데 코팅 팬이 주는 편리함은 거부할 수 없지요. 설거지 또한 쉽습니다. 하지만 소테 하기도 쉽지 않고 대부분은 오븐 사용이 불가능하기 때문에 다용도라고 할 수 없습니다.

• '스터 프라이(높은 불에 재빨리 볶음)'는 원래는 웍에 볶지만 빨리 조리하는 것이 중요한 기법이기 때문에 팬의 형태보다 불의 세기가 더 중요합니다. 스킬렛 또는 소테 팬(특히 무쇠)으로 대체해도 무난합니다.

• 레시피에서 팬에 뚜껑을 덮으라고 되어 있는데 집에 있는 스킬렛에 뚜껑이 없는 경우에는 쿠킹 호일을 덮고 그 위에 스킬렛보다 큰 뚜껑을 덮으면 됩니다.

주요 특징

내구성이 강하고 오븐 사용이 가능하며, 열전도율이 높고 고열에도 틀어지지 않는 팬 하나를 사두는 것은 충분히 가치 있는 투자입니다. 25~30cm 팬은 주방일을 도맡아 해줄 거예요. 큰 팬은 4인분 이상 조리할 때 유용합니다. 팬의 크기는 웃 지름에 따르기 때문에 팬의 테두리가 기울어진 경우 직선으로 올라간 테두리의 팬보다 조리 면적이 좁습니다. 팬 사이즈와 균형이 잘 맞는 길고 편한 손잡이가 달린 것이 좋습니다. 손잡이는 레인지 조리 시 뜨거워지지 않아야 하고 오븐 사용이 가능한 것으로 고릅니다. 리벳으로 고정된 형태의 손잡이가 가장 견고하니 참고하세요.

스킬렛

테두리가 기울어져 있으면 팬 안에서 재료를 움직이기가 수월하고, 구석에 끼는 재료가 없어 프라타타 같은 요리를 뒤집기 편리합니다.

소테 팬

테두리가 수직으로 서 있기 때문에 재료를 저을 때 육수나 다른 액체가 흐를 염려가 적습니다. 브레이징이나 소테 기법을 쓸 때 유용합니다. 대부분 뚜껑과 함께 나오고 (브레이징을 할 때 특히 좋아요.) 긴 손잡이가 반대편에 손가락을 끼울 수 있는 손잡이가 달려 있습니다.

무쇠 스킬렛 시즈닝 하기

대부분의 새 팬은 이미 시즈닝을 해서 판매합니다. 회색의 시즈닝이 되지 않은 무쇠 스킬렛을 구입했다면 식물성 식용유를 바르고 148℃ 오븐에 한 시간 정도 구워주세요. 이때 스킬렛 아래 베이킹 팬을 깔아 흐르는 기름이 고이게 합니다. 세척 시 주의 사항은 음식물은 제거하되 시즈닝은 벗겨내지 않는 것입니다. 일반적으로는 브러시나 소금을 사용해 물로 세척하지만 세제를 사용하지 않는다는 사실이 꺼림칙하다면 가벼운 식기 세척제 소량을 사용해도 괜찮아요. 팬은 잘 말리고 (약 불에 말려도 됩니다.) 식물성 식용유를 얇게 발라 보관합니다.

Pork Chops with Warm Escarole Salad

에스카롤 샐러드를 곁들인 폭찹

조리 시간 25분 / 총 소요 시간 25분

폭찹과 애플소스의 최신 버전을 요리해볼까요? 여기에 몸에 좋은 재료 몇 가지를 추가했습니다. 고소한 병아리콩과 숨이 죽은 에스카롤을 채 썬 사과와 가볍게 섞어주세요. **4인분**

뼈가 있는 폭찹 4개 (각 255g)

굵은소금과 후추

엑스트라 버진 올리브유 2큰술

병아리콩 캔 1컵 : 물기는 빼고 헹궈주세요.

에스카롤 455g : 이파리를 찢어 준비하세요.

중간 크기 사과 1개 (갈라 사과 선호)
: 가운데 부분을 제거하고 채 썰어주세요.

곱게 간 레몬 제스트 1큰술

신선한 레몬즙 1작은술

1. 폭찹을 소금 1/5작은술과 후추로 밑간합니다. 큰 소테 팬을 중-강 불에 올리고 오일을 둘러줍니다. 폭찹을 넣고 불을 중 불로 줄인 후, 양면이 모두 색이 날 때까지 8분가량 굽습니다. 폭찹을 접시에 옮겨두세요.

2. 팬에 병아리콩을 넣고 2분 동안 익힙니다. 에스카롤의 분량을 나누어 볶고 숨이 죽으면 더 넣으세요. 소금 1/2작은술을 뿌리고 후추로 양념합니다.

3. 팬을 불에서 내리고 사과와 레몬 제스트, 레몬즙을 섞어주세요. 폭찹과 함께 내면 완성입니다.

시트러스류 과일 껍질 갈기

강판은 주로 단단한 식재료를 갈 때 사용되는 조리 도구로, 강판의 한 종류인 제스터는 레몬, 오렌지 등 시트러스류의 과일 껍질을 갈기에 적합합니다. 만약 강판이 없다면 칼이나 야채 필러를 사용하면 됩니다. 가느다랗게 껍질을 벗기고 곱게 다지면 요리의 향미를 위한 제스트가 완성됩니다.

스킬렛 & 소테 팬

Linguine with Tomato and Basil

바질 토마토 링귀니

조리 시간 15분 / 총 소요 시간 20분

냄비 하나로 파스타를 만들 수 있다는 사실은 시도해보기 전에는 믿지 못할 수도 있어요. 물을 끓여 증발시키면 아주 맛 좋은 소스의 파스타가 완성됩니다. **4인분**

링귀니 340g

방울토마토 340g : 반으로 잘라 준비하세요.

양파 1개 : 얇게 썰어주세요.

마늘 4쪽 : 얇게 저며주세요.

레드 페퍼 플레이크 ½작은술

바질 2줄기 + 고명용 찢어 올릴 여분

엑스트라 버진 올리브유 2큰술 + 마지막에 부을 여분

굵은소금과 후추

물 4½컵

고명용 바로 간 파르미지아노 레지아노 치즈

1. 큰 소테 팬에 파스타, 방울토마토, 양파, 마늘, 레드 페퍼 플레이크, 바질, 올리브유 2작은술, 후추 ¼작은술, 물을 넣고 강 불에서 끓입니다. 집게로 자주 저어주면서 면이 알덴테(너무 퍼지게 삶지 않고 씹는 촉감이 느껴지는 상태)로 익고 물이 거의 증발할 때까지 9분가량 익힙니다.

2. 소금과 후추로 간하고 찢어놓은 바질을 올립니다. 올리브유와 치즈를 올려 냅니다.

Beef-and-Pineapple Red Curry

소고기 파인애플 레드 카레

조리 시간 30분 / 총 소요 시간 30분

고추와 여러 시즈닝을 혼합해 병에 담은 레드 카레 페이스트는 주방에 하나 갖춰두면 유용한 재료가 됩니다. 코코넛 밀크와 함께 요리하면 간단하게 태국 스타일 카레 소스를 만들 수 있어요. **4인분**

식물성 식용유 1큰술

레드 카레 페이스트 ¼컵

안심 스테이크 455g : 결 반대 방향으로 얇고 길게 썰어주세요.

그린빈 225g : 손질하고 반으로 어슷하게 썰어주세요.

파인애플 340g : 2.5cm 크기로 깍둑썰기 해주세요.

저염 닭 육수 1½컵

무설탕 코코넛 밀크 1컵

신선한 바질 ½컵 : 찢어 준비하세요.

1. 큰 스킬렛 또는 웍을 중-강 불에 올리고 식용유를 두릅니다. 카레 페이스트를 넣고 향이 날 때까지 30초 동안 저어 주세요. 고기를 넣고 색이 날 때까지 2분 정도 볶습니다.

2. 그린빈과 파인애플을 넣고 즙이 나오기 시작할 때까지 1분가량 볶아주세요. 육수와 코코넛 밀크를 넣고 한소끔 끓입니다. 불을 줄이고 그린빈이 아삭하게 익을 때까지 8분 동안 더 끓이고 바질을 올려 완성합니다.

파인애플 껍질 벗기기

가시가 있는 과일의 껍질을 벗기려면 윗부분과 아랫부분을 먼저 잘라내세요. 파인애플을 세우고 곡선을 따라 껍질을 한 줄기씩 썰어냅니다. 껍질을 벗긴 파인애플을 4등분 하여 하나씩 세워서 가운데 부분을 썰어주세요. 이렇게 손질한 파인애플의 길이를 반으로 썰고 웨지 모양이나 깍둑썰기 하면 간단하게 껍질을 벗길 수 있습니다.

스킬렛 & 소테 팬

Shrimp with Tomatoes and Orzo

토마토와 오르조를 곁들인 새우

조리 시간 15분 / 총 소요 시간 35분

냉동실에 새우가 떨어지지 않는다면 특별하게 느껴지는 저녁 식탁도 일상이 될 수 있어요. 갑각류는 토마토, 바질과 완벽한 짝을 이루지요. **4인분**

엑스트라 버진 올리브유 2큰술

마늘 6쪽 : 잘게 다져주세요.

방울토마토 3컵 : 반으로 잘라 준비합니다.

굵은소금과 후추

오르조 340g

저염 닭 육수 3¼컵

큰 새우 455g : 껍질을 벗기고 내장을 손질해주세요.

신선한 바질 1컵 : 찢어서 준비합니다.

1. 오븐 안에 선반을 가장 윗 칸에 놓고 205℃로 예열합니다. 오븐 사용이 가능한 뚜껑이 있는 큰 스킬렛을 중 불에 올리고 오일을 둘러주세요. 마늘을 넣고 색이 날 때까지 1분 동안 볶아줍니다.

2. 불을 강 불로 올리고 방울토마토를 넣은 후 소금 후추로 간해주세요. 한 번씩 저어주면서 6분 동안 익혀줍니다.

3. 오르조와 육수를 넣고 한소끔 끓입니다. 뚜껑을 덮고 육수가 흡수될 때까지 10~12분가량 오븐에서 익혀줍니다.

4. 새우는 남은 올리브유와 소금, 후추 각 ¼작은술을 넣어 버무려주세요. 오븐에서 스킬렛을 꺼내고 새우를 오르조 위에 올립니다. 오븐의 상단 열선만 켜고 새우가 불투명해질 때까지 4분 동안 익히고 바질을 뿌려 냅니다.

냉동 새우 해동하기

새우를 냉장고에 하룻밤 넣어두세요. 시간이 없다면 새우를 채반에 넣고 해동될 때까지 흐르는 찬물에 둡니다. 5~10분이면 충분합니다.

Braised Chicken with Potatoes and Lemon

감자와 레몬을 넣은 닭찜

조리 시간 10분 / 총 소요 시간 40분

지중해 느낌을 살려 손쉽게 만드는 닭 요리입니다. 마지막에 옥수수 전분을 조금 넣으면 레몬 맛이 나는 소스가 실크처럼 부드러워집니다. **4~6인분**

뼈가 있는 닭고기 허벅지 살 6조각 (약 1kg)

굵은소금

엑스트라 버진 올리브유 1큰술

저염 닭 육수 1¼컵

핑거링 포테이토 또는 반으로 자른 뉴 포테이토 340g

마늘 5쪽 : 껍질을 벗기고 으깨주세요.

체리놀라처럼 알이 굵은 그린 올리브 ⅓컵 : 씨를 제거해주세요.

작은 레몬 1개 : 웨지 모양으로 썰어주세요.

타임 6줄기

옥수수 전분 1작은술

1. 오븐을 230℃로 예열하고 닭을 굵은소금으로 밑간해주세요. 오븐 사용이 가능한 바닥이 두껍고 큰 스킬렛을 중-강불에 올리고 오일을 두릅니다. 껍질이 바닥에 가도록 고기를 놓고 색이 날 때까지 5분가량 구워주세요. 고기를 뒤집어 스킬렛 한쪽으로 밀어둡니다.

2. 육수 1컵과 소금 ½작은술, 감자를 넣고 한소끔 끓입니다. 마늘, 올리브, 레몬 웨지, 타임을 넣고 다시 한소끔 끓여줍니다.

3. 스킬렛을 오븐에 넣습니다. 감자가 부드러워지고 고기가 잘 익을 때까지 30분가량 구워줍니다. 중간에 감자를 한번 섞어주세요.

4. 스킬렛을 다시 불에 올립니다. 옥수수 전분과 남은 육수 ¼컵을 섞어 스킬렛에 섞어주세요. 소스가 걸쭉해지도록 한소끔 끓이고 바로 테이블에 내면 완성입니다.

원하는 부위 사용하기

이 레시피에는 감자와 조리 시간이 비슷한 닭고기 허벅지 살을 썼지만 닭 가슴살을 사용해도 됩니다. 대신 20분 정도 구운 후 오븐에서 꺼내고 감자가 마저 익는 동안 식지 않도록 주의하세요.

스킬렛 & 소테 팬

Mushroom-Cheddar Frittata
버섯 체더치즈 프리타타

조리 시간 30분 / 총 소요 시간 40분

달걀과 토스트를 다시 상상해보았어요. 깍둑 썬 사워도우를 치즈를 넉넉히 넣은 프라타타에 넣어 굽는 겁니다. 하루 중 언제 먹어도 잘 어울리겠죠? 아침 식사 메뉴를 저녁으로 먹는 것을 싫어하는 사람도 있나요? **4인분**

알이 굵은 달걀 10개 : 가볍게 거품을 냅니다.

우유 ¼컵

굵은소금과 후추

무염 버터 2큰술

두껍게 썬 사워도우 2장 : 2cm 크기로 깍둑 썰어주세요.

양송이버섯 225g : 얇게 썰어 준비하세요.

쪽파 6대 : 흰 부분과 녹색 부분을 분리하고 얇게 썰어주세요.

체더치즈 56g : 얇게 썰어주세요.

1. 오븐을 215℃로 예열합니다. 볼에 달걀과 우유를 넣고 거품을 낸 후 소금과 후추로 간해주세요. 오븐 사용이 가능한 스킬렛을 중-강 불에 올리고 버터 1큰술을 녹입니다. 빵을 넣고 뒤집으면서 색이 날 때까지 4분가량 구워 접시에 옮깁니다.

2. 남은 버터 1큰술과 버섯을 넣고 4분 동안 볶아주세요. 불을 중 불로 줄이고 파의 흰 부분을 넣고 3분 이상 익히면서 소금과 후추로 간합니다. 거품을 낸 달걀을 스킬렛에 넣고 큰 덩어리가 생기고 달걀이 반 정도 익을 때까지 2~4분가량 저어주세요.

3. 빵을 달걀 안에 눌러 넣고 체더치즈를 뿌린 후 달걀이 부풀어 오르고 가운데 부분이 익을 때까지 7분간 오븐에서 굽습니다. 파의 녹색 부분을 올려 내면 완성입니다.

다양한 조합

버섯과 체더치즈도 잘 어울리지만 아스파라거스와 그뤼에르 치즈 또는 피망과 몬테레이 잭 치즈처럼 본인이 선호하는 다른 채소와 치즈를 조합해도 좋아요.

Turkey Skillet Pie
터키 스킬렛 파이

조리 시간 30분 / 총 소요 시간 50분

아마도 이 요리가 식구들이 가장 많이 요청하는 레시피가 될지도 몰라요. 체더치즈와 버터밀크로 만든 비스킷을 칠면조 칠리 위에 떼어 넣어 구운 이 파이는 모두의 마음을 사로잡을 겁니다. **6~8인분**

중력 밀가루 1컵

베이킹파우더 1작은술

베이킹 소다 ¼작은술

굵은소금과 후추

식물성 식용유 1큰술

붉은 피망 1개 : 얇게 썰어주세요.

중간 크기의 양파 1개 : 얇게 썰어주세요.

양송이버섯 225g : 잘게 썰어주세요.

다진 칠면조고기 680g (다리 부위 선호)

토마토 페이스트 2큰술

칠리 파우더 1큰술

다이스 토마토 1캔 (410g)

무염 버터 3큰술

버터밀크 ⅓컵

간 체더치즈 170g

1. 오븐을 215℃로 예열하고 볼에 밀가루, 베이킹파우더, 베이킹 소다, 소금 ¼작은술을 섞어주세요.

2. 오븐 사용이 가능한 바닥이 두꺼운 스킬렛을 중-강 불에 올리고 식용유를 두릅니다. 피망, 양파, 버섯을 넣고 익을 때까지 10분 동안 볶은 후, 후추로 간을 해주세요.

3. 칠면조, 토마토 페이스트, 칠리 파우더를 스킬렛에 넣고 고기의 분홍빛이 사라질 때까지 3분가량 볶아줍니다. 토마토(캔에 든 액체와 함께)를 넣고 3분 동안 졸인 후 소금과 후추로 간하고 불에서 내립니다.

4. 패스트리 커터 또는 칼 두개를 사용하여 굵은 덩어리가 될 때까지 밀가루와 버터를 섞어주세요. 여기에 버터밀크와 체더치즈를 잘 섞어줍니다. 반죽을 9조각으로 나누고 칠면조 고기 위에 올린 후 비스킷이 노릇한 색이 날 때까지 20분가량 구우면 완성입니다.

One Pot, Four Ways Macaroni and Cheese

네 가지 방식의 원 팟 요리 : 마카로니 앤 치즈

조리 시간 40분 / 총 소요 시간 40분

오리지널보다 더 맛있는 맥 앤 치즈를 만들기란 쉽지 않지만 아무래도 여기서 해낸 것 같네요. 비법은 파스타를 소스에 넣고 바로 조리하는 것입니다. 고전 레시피 하나와 변형 레시피 3개를 보면 분명 환호할 이유가 있을 거예요! **8인분**

스킬렛 마카로니 치즈

무염 버터 6큰술

신선한 빵가루 1컵

간 파르미지아노 레지아노 치즈 28g

작은 양파 1개 : 곱게 다져주세요.

중력 밀가루 ½컵

우유 6컵 (저지방 선호)

마카로니 340g

간 화이트 체더치즈 255g

간 그뤼에르 치즈 85g

디종 머스터드 1작은술

굵은소금과 후추

1. 오븐의 상단 열선만 켜서 예열합니다. 오븐 사용이 가능한 바닥이 두꺼운 스킬렛을 중-강 불에 올리고 버터를 녹여주세요. 녹인 버터 1큰술을 볼에 넣고 빵가루와 파르미지아노 레지아노 치즈와 섞습니다.

2. 스킬렛에 양파를 넣고 4분 동안 볶습니다. 밀가루를 넣고 1분간 잘 저어준 후, 서서히 우유를 넣고 저으며 한소끔 끓여주세요.

3. 마카로니를 넣고 한 번씩 저어주고 바닥을 긁어내면서 6분 동안 익힙니다. 불에서 내리고 체더치즈, 그뤼에르 치즈, 머스터드를 넣은 후 소금, 후추로 간을 해주세요. 준비한 빵가루를 올린 후, 오븐에 넣고 노릇해질 때까지 1~2분 동안 구우면 완성입니다.

버섯과 폰티나 치즈를 넣은
스킬렛 마카로니

• 2단계에서 양파 대신 손질해서 얇게 썬 **크레미니 버섯**(양송이버섯의 갈색 변종) 으로 대체합니다. 체더치즈 대신 간 **폰티나 치즈**를 넣어주세요. 머스터드는 다진 신선한 **타임** 2작은술로 대체합니다.

봄철 채소와 염소 치즈를 넣은
스킬렛 마카로니

• 2단계에서 양파를 얇게 썰어 잘 헹군 **리크** 2대로 (흰색과 연두색 부분만 사용) 대체합니다. 우유를 넣은 후 **아스파라거스, 당근, 스냅 피** 같은 **채소들**을 얇게 썰 어 2컵 분량을 넣어주세요. 그뤼에르 치즈 대신에 부순 **염소 치즈** 115g을 넣고 머 스터드는 넣지 않습니다.

베이컨과 고다 치즈를 넣은
스킬렛 마카로니

• 2단계에서 양파를 빼주세요. 체더치즈 대신에 갈은 **고다 치즈**를 넣고, 치즈를 넣 을 때 구운 **베이컨** 8장을 부숴 넣으면 완성입니다.

스킬렛 마카로니 치즈
70쪽

버섯과 폰티나 치즈를 넣은
스킬렛 마카로니
71쪽

봄철 채소와
염소 치즈를 넣은
스킬렛 마카로니
71쪽

베이컨과 고다 치즈를 넣은
스킬렛 마카로니
71쪽

Striped Bass with Clams and Corn

조개와 옥수수를 넣은 줄농어

조리 시간 30분 / 총 소요 시간 30분

농수산 시장에서 구한 신선한 재료들로 여름의 절정에 있는 저녁 식사를 만들 수 있습니다. 조개, 주키니 호박, 옥수수에 육수를 자작하게 넣은 담백하고 부드러운 생선 살로 요리합니다. **4인분**

무염 버터 2큰술

작은 양파 1개 : 곱게 다져주세요.

마늘 3쪽 : 얇게 저며주세요.

굵은소금과 후추

유콘 골드 감자 2개 : 껍질을 벗기고 1.5cm 크기로 썰어주세요.

저염 닭 육수 1¼컵

새끼 대합 조개 12개 : 껍질을 잘 씻어 준비합니다.

옥수수알 2컵

작은 주키니 호박 1개 : 0.5cm 두께로 썰어주세요.

껍질을 제거한 줄농어 살 4조각 (총 455g)
  : 2.5cm 두께로 썰어주세요. (농어나 가자미 같은 살이 단단한 흰 살 생선으로 대체 가능)

고명용 신선한 바질

1. 큰 소테 팬을 중-강 불에 올리고 버터를 녹입니다. 양파, 마늘, 소금 ½작은술을 넣고 투명해질 때까지 3분가량 볶아주세요. 감자, 육수를 넣고 한소끔 끓인 후 뚜껑을 덮고 5분 동안 익힙니다.

2. 조개를 넣고 뚜껑을 덮은 후 5분간 익힙니다. 여기에 옥수수와 주키니 호박을 넣고 조개를 한쪽으로 몬 다음 생선을 넣어주세요. 뚜껑을 덮고 조개가 입을 벌리고 생선이 불투명해질 때까지 4~6분 동안 익힙니다.

3. 입을 벌리지 않은 조개는 버리고 고명용 바질을 올려 내면 완성입니다.

스킬렛 & 소테 팬

Savory Sausage and Tomato Pudding

세이보리 소시지와 토마토를 넣은 푸딩

조리 시간 10분 / 총 소요 시간 40분

'구덩이 속 두꺼비(토드 인 더 홀)'라는 영국 이름을 가진 이 요리는 저녁 테이블에 둘러앉은 모두를 미소 짓게 만들어줄 요리입니다. 오븐에서 노릇하게 부풀어 오른 팝오버(달걀, 우유, 밀가루를 섞어 윗부분이 부풀어 오르게 구운 빵)를 연상시키는 푸딩 한 입을 베어 물 때도 마찬가지고요. **4인분**

중력 밀가루 1½컵

우유 1½컵

알이 굵은 달걀 3개

무염 버터 2큰술 : 녹여서 준비하세요.

굵은소금 1작은술

엑스트라 버진 올리브유 1큰술

소시지 455g (컴벌랜드 소시지 선호)

쪽파 5대 : 자르지 않고 준비하세요.

방울토마토 10개 : 원하면 줄기에 달린 형태로 준비하세요.

1. 오븐을 215℃로 예열합니다. 블렌더로 밀가루, 우유, 달걀, 버터, 소금을 섞어주세요. 오븐 사용이 가능한 26cm 스킬렛을 중-강 불에 올리고 오일을 두릅니다. 소시지와 파를 넣어 색이 날 때까지 5분 동안 구워주세요.

2. 반죽을 소시지 위에 붓고 방울토마토를 올립니다. 반죽이 올라오고 모양이 잡힐 때까지 30분 동안 구워서 바로 테이블에 냅니다.

Spinach Pie
시금치 파이

조리 시간 25분 / 총 소요 시간 55분

그리스 시금치 파이 스파나코피타의 간단 버전인 이 레시피에서는 짭짤한 시금치 페타 치즈 소를 노릇한 플레이크가 살아 있는 필로 반죽으로 덮어줍니다. 냉동 시금치를 사용하면 시간을 절약할 수 있어요. 물기를 잘 짜서 완성된 파이가 질척거리지 않게 하면 됩니다. **4인분**

무염 버터 4큰술

작은 양파 1개 : 잘게 다져주세요.

냉동 시금치 570g : 해동하고 물기를 꼭 짠 후 다져주세요.

리코타 치즈 225g

알이 굵은 달걀 3개

페타 치즈 28g : 잘게 부숴서 준비하세요.

다진 신선한 딜 2큰술

굵은소금과 후추

냉동 필로 도우 4장 : 해동해서 준비하세요.

1. 오븐을 190℃로 예열합니다. 오븐 사용이 가능한 26cm 스킬렛을 중 불에 올리고 버터를 녹여줍니다. 2큰술을 볼에 옮겨 담습니다.

2. 스킬렛에 양파를 넣고 익을 때까지 5분 동안 볶아주세요. 불에서 내려 살짝 식힌 후에 시금치, 리코타 치즈, 달걀, 페타 치즈, 딜, 소금 1작은술, 후추 ¼작은술을 넣어주세요.

3. 필로 도우 한 장을 작업대에 놓고 녹인 버터를 가볍게 바릅니다. 시금치를 섞은 재료 위에 올리고 스킬렛 안에 맞게 가장자리를 접어주세요. (작업하는 동안 여분의 필로 도우는 덮어두세요.) 한 번에 하나씩 남은 도우 3장에 버터를 발라 스킬렛 위에 올립니다. 각각의 도우의 방향을 돌리고 살짝 구겨서 가장자리가 한곳에 겹치지 않고 위에 부분은 살짝 헝클어지도록 해주세요.

4. 스킬렛을 오븐에 넣은 후 반죽이 노릇해지고 안에 재료들이 뜨거워질 때까지 30분 동안 구우면 완성입니다.

필로 도우 사용 방법

여러 겹으로 된 패스트리는 냉동 식품 구역에서 찾을 수 있습니다. 종이처럼 얇은 막은 금방 건조해지기 때문에 대부분의 레시피에서 작업하는 동안 젖은 타월로 여분의 도우를 덮어두도록 합니다. 한 장 한 장 버터를 바르면 습기를 더해주고 오븐에 넣었을 때 바삭한 패스트리로 만들어줍니다.

스킬렛 & 소테 팬

Stir-Fried Chicken with Bok Choy

청경채 닭 가슴살 볶음

조리 시간 20분 / 총 소요 시간 20분

포장 음식을 주문하는 대신 순식간에 완성되는 이 볶음 요리를 만들어보세요. 닭고기와 채소의 조합만 으로도 만족스럽지만 밥 위에 올려 먹으면 맛 좋은 육즙까지 양보할 필요가 없습니다. **4인분**

저염 간장 ¼컵

현미 식초 1큰술 (무 첨가)

황설탕 2작은술

물 3큰술

뼈를 제거한 껍질 벗긴 닭 가슴살 2쪽 (총 455g)
: 길게 썰어주세요.

옥수수 전분 1큰술과 1작은술

식물성 식용유 2큰술

마늘 2쪽 : 얇게 저며주세요.

다진 생강 2작은술

청경채 4컵 (1포기) : 잘게 썰어주세요.

작은 붉은 고추 또는 할라피뇨 1개 : 씨를 빼고 썰어주세요.

1. 볼에 간장, 식초, 황설탕, 물을 섞어 소스를 만들어줍니다.

2. 다른 볼에 닭에 옥수수 전분 옷을 입힙니다. 큰 소테 팬이나 웍을 중-강 불에 올리고 기름을 두른 후 마늘과 생강 향 이 올라올 때까지 1분가량 볶아주세요. 고기가 겹쳐지지 않게 팬에 눌러 겉면을 익힙니다. 색이 나고 잘 익을 때까지 8분 동안 볶아줍니다.

3. 청경채와 고추를 넣고 청경채의 숨이 죽을 때까지 1분 동안 볶아주세요. 만들어놓은 간장 소스를 넣고 살짝 걸쭉해 질 때까지 2분가량 볶으면 완성입니다.

볶음 요리 성공 비법

식당에서 볶음 요리를 할 때는 화력이 높은 불에 대형 웍을 올려 조리합니 다. 집에서 그 효과를 내려면 팬에 고기를 넣을 때 겹치지 않게 굽고, 고기 를 올리기 전에 팬을 기름으로 충분히 달구는 것이 중요합니다.

Beet Hash with Eggs
달걀을 넣은 비트 해시

조리 시간 30분 / 총 소요 시간 30분

비슷한 레시피라도 재료만 새로운 것으로 바꾸면 완전히 다른 요리가 만들어집니다. 고기 없이도 비트의 단맛과 장밋빛 색이 훌륭한 해시를 만들어냅니다. 브런치나 저녁 테이블에서 환영받을 따듯한 한 접시 요리입니다. **4인분**

비트 455g : 껍질을 까고 깍둑 썰어주세요.

유콘 골드 감자 225g : 깍둑 썰어주세요.

굵은소금과 후추

엑스트라 버진 올리브유 2큰술

작은 양파 1개 : 깍둑 썰어주세요.

다진 이탈리안 파슬리 2큰술

알이 굵은 달걀 4개

1. 스킬렛 또는 큰 소테 팬에 비트와 감자가 잠길 정도로 물을 붓고 한소끔 끓입니다. 소금으로 간하고 7분 동안 익힌 후, 물을 따라 내고 팬에 물기를 닦아주세요.

2. 동일한 팬을 중-강 불에 올리고 기름을 두릅니다. 물기를 뺀 비트와 감자를 넣고 감자에 색이 날 때까지 4분가량 볶아줍니다. 불을 중 불로 줄이고 양파를 넣은 후 익을 때까지 4분 동안 볶아주세요. 소금과 후추로 간하고 파슬리를 넣어줍니다.

3. 이렇게 요리한 해시에 4개의 넓은 구멍을 만들고 달걀을 하나씩 깨 넣은 후 소금으로 간을 해줍니다. 흰자가 익기 시작하고 노른자는 반숙 상태가 될 때까지 5분간 익힙니다.

비트 고르기

크기가 작은 비트가 부드러운 맛을 냅니다. 푸른 잎과 줄기가 달린 비트를 고르고 약간의 마늘과 올리브유를 함께 볶으면 맛있는 비트 요리가 탄생합니다.

Baked Rice with Sausage and Broccoli Rabe

소시지와 브로콜리 라베를 넣은 구운 쌀 요리

조리 시간 20분 / 총 소요 시간 50분

스킬렛에 밥을 하는 게 익숙하지 않겠지만 근사한 한 끼가 만들어집니다. 다양한 재료의 조합이 가능하기 때문이지요. 그중에서도 브로콜리 라베와 소시지는 훌륭한 조합을 자랑합니다. **4인분**

엑스트라 버진 올리브유 2큰술

이탈리안 소시지 225g
: 껍질을 벗기고 여러 조각으로 썰어주세요.

곱게 다진 양파 ½컵

마늘 3쪽 : 다져주세요.

아르보리오 쌀 1¼컵

쇼비뇽 블랑류의 드라이한 화이트 와인 ¼컵

저염 닭 육수 2¼컵

브로콜리 라베 1다발 (약 170g)
: 2.5cm 길이로 자르고 물 1큰술과 굵은 소금 ¼작은술에 버무려주세요.

1. 오븐을 205℃로 예열합니다. 오븐 사용이 가능한 바닥이 두꺼운 스킬렛을 중-강 불에 올리고 오일을 두릅니다. 소시지를 자주 뒤집어주면서 불투명해질 때까지 3분가량 익혀주세요.

2. 양파와 마늘을 넣고 투명해질 때까지 3분가량 볶아줍니다.

3. 쌀을 넣고 볶아 표면을 코팅해준 후, 와인을 넣고 한소끔 끓입니다. 액체가 쌀에 흡수될 때까지 1분 동안 익히고 육수를 넣고 한소끔 끓여주세요.

4. 스킬렛을 오븐에 넣고 10분 동안 구워줍니다. 브로콜리 라베를 넣은 후 쌀이 육수를 거의 다 흡수할 때까지 10분 더 구워주세요.

5. 오븐에서 꺼내 골고루 섞어준 후 뚜껑을 덮고 10분 정도 두었다가 테이블에 냅니다.

Spanish Baked Rice
스페인식 구운 쌀 요리

조리시간 15분 / 총 소요 시간 45분

스킬렛에 요리한 밥의 또 다른 해석입니다. 조개와 매운 스페인 소시지를 넣은 파에야 간단 버전이라고 할까요? 조개는 요리하는 당일 신선한 것으로 구입하세요. **4인분**

엑스트라 버진 올리브유 2큰술

말린 초리조 85g : 0.5cm 두께로 썰어주세요.

다진 양파 ½컵

마늘 3쪽 : 다져주세요.

아르보리오 쌀 1¼컵

쇼비뇽 블량류의 드라이한 화이트 와인 ¼컵

저염 닭 육수 1½컵

물 ¾컵

새끼 대합 조개 12개 : 깨끗하게 씻어주세요.

1. 오븐을 205℃로 예열합니다. 오븐 사용이 가능한 바닥이 두꺼운 스킬렛을 중-강 불에 올리고 오일을 두릅니다. 초리조의 가장자리에 색이 날 때까지 2분가량 볶아줍니다.

2. 양파와 마늘을 넣고 불투명해질 때까지 3분가량 볶아주세요.

3. 쌀을 넣고 볶아 표면을 코팅해준 후 와인을 넣고 한소끔 끓입니다. 액체가 쌀에 거의 흡수될 때까지 1분가량 익히고 육수와 물을 넣고 한소끔 끓입니다.

4. 스킬렛을 오븐에 넣고 10분 동안 구워주세요. 조개를 넣고 조개가 입을 열고 쌀이 육수를 거의 다 흡수할 때까지 10분 동안 구워줍니다.

5. 오븐에서 꺼내 골고루 섞어줍니다. 입을 벌리지 않은 조개는 버리고 뚜껑을 덮은 채 10분 정도 두었다가 테이블에 내면 완성입니다.

초리조

이 요리에서 사용하는 말린 초리조는 소금에 절인 것을 사용했습니다. 요리하고 남은 초리조가 있다면 수프나 스튜, 타코, 스크램블 에그를 만들 때 넣어보세요.

스페인식 구운 쌀 요리
85쪽

소시지와 브로콜리 라베를 넣은
구운 쌀 요리
84쪽

Curried Chicken Potpie

치킨 카레 팟파이

조리 시간 25분 / 총 소요 시간 1시간 25분

향신료의 조합과 간단한 조리법이 고전적인 소울 푸드를 특별하게 만들어줍니다. 몰에서 구입한 퍼프 패스트리 한 장이면 간편하면서도 드라마틱한 효과를 연출할 수 있답니다. **4인분**

뼈를 제거한 껍질을 벗긴 닭 허벅지 살 455g
　　: 2.5cm 크기로 썰어주세요.
냉동 퍼프 패스트리 1장 (490g 포장) : 해동하여 준비합니다.
중력 밀가루 ¼컵 + 작업대에 바를 밀가루 여분
무염 버터 3큰술
리크 1대 (흰색 부분과 연두색 부분만 사용)
　　: 1.5cm 길이로 자르고 반으로 갈라 잘 헹궈주세요.
파스닙 4개 : 2.5cm 크기로 잘라주세요.

당근 2개 : 2.5cm 크기로 잘라주세요.
굵은소금과 후추
저염 닭 육수 3컵
러셋 감자 1개 : 껍질을 벗기고 채 썰어주세요.
카레 파우더 1큰술 + 1작은술
냉동 완두콩 1컵
우유 1큰술

1. 오븐을 205℃로 예열합니다. 밀가루를 가볍게 뿌린 베이킹 팬에 퍼프 패스트리를 펼치고 25cm×28cm 길이 사각형으로 밀어주세요. 단단해질 때까지 30분 동안 냉장합니다.

2. 그동안 큰 소테 팬 또는 스킬렛을 중-강 불에 올리고 버터를 녹입니다. 리크, 파스닙, 당근, 소금 1작은술을 넣고 살짝 익을 때까지 3분간 볶아주세요. 밀가루를 넣고 노릇해질 때까지 1~2분 동안 볶아줍니다.

3. 계속 저으면서 육수와 감자, 카레 파우더를 넣어주세요. 한소끔 끓인 후 불을 줄이고 감자가 익을 때까지 한 번씩 저어주면서 10분 동안 뭉근하게 끓입니다. 소금과 후추로 간을 하고 완전히 식힙니다. 여기에 고기와 완두콩을 넣어줍니다.

4. 닭고기를 섞은 재료 위에 패스트리를 올리고 (필요하면 팬 크기에 맞게 잘라주세요.) 과도로 패스트리 중앙을 X 자로 잘라 김이 빠질 수 있도록 합니다.

5. 패스트리에 우유를 바르고 15분 동안 구운 후 가장자리에 쿠킹 호일을 씌워주세요. 그 상태로 가장자리가 노릇하고 안에 재료가 살짝 끓어오를 때까지 30분 동안 계속 구워줍니다. 10분간 식혀서 테이블에 냅니다.

스킬렛 & 소테 팬

Poached Cod with Tomatoes

토마토를 넣은 삶은 대구

조리 시간 25분 / 총 소요 시간 35분

신선한 채소와 바질을 넣은 육수를 약 불에 뭉근히 끓이면서 대구 살을 삶습니다. 포크와 스푼을 이용해 이 맛있고 건강한 음식을 마지막 한 입까지 즐기세요. **4인분**

껍질을 벗긴 대구 살 4조각 (각 115g)

저염 닭 육수 3컵

중간 크기의 붉은 양파 ½개 : 얇게 썰어주세요.

방울토마토 2컵 : 길게 반으로 잘라주세요.

작은 감자 225g (핑거 포테이토나 자색 감자 선호)
 : 0.5cm 두께로 동그랗게 썰어주세요.

바질 3줄기 + 고명용 여분

레드 페퍼 플레이크 ¼작은술

굵은소금과 후추

스냅 피 (꼬투리째 먹는 완두콩) 115g
 : 얇고 비스듬하게 썰어주세요.

신선한 레몬즙 1작은술과 레몬 웨지 4조각

고명용 엑스트라 버진 올리브유

1. 뚜껑이 있는 큰 소테 팬에 육수, 양파, 방울토마토 1½컵, 바질 줄기, 레드 페퍼 플레이크, 소금 2작은술을 넣고 센 불에 한소끔 끓입니다. 불을 줄이고 뚜껑을 덮지 않은 채로 감자가 반 정도 익을 때까지 8분가량 끓여주세요.

2. 대구 살을 소금과 후추로 간하고 육수 안에 넣은 후 뚜껑을 닫아줍니다. 대구 살이 불투명해지고 익을 때까지 7분가량 약 불에서 끓입니다.

3. 바질 줄기를 빼서 버립니다. 스냅 피를 넣고 남은 토마토 ½컵과 레몬즙을 넣고 조심스럽게 저으며 재료가 따뜻해질 때까지 끓여주세요.

4. 생선과 채소, 육수를 네 개의 볼에 나누어 담아줍니다. 바질을 고명으로 올리고 오일을 조금 부은 후 레몬 웨지와 함께 내면 완성입니다.

Chicken with Sautéed Mushrooms

볶은 버섯을 곁들인 치킨

조리 시간 25분 / 총 소요 시간 25분

이 요리는 고전 프랑스식 준비 과정을 따릅니다. 얇게 저민 고기에 밀가루를 묻히고, 기름에 재빨리 볶아 채소를 곁들인 후 요리한 팬에 와인과 육수를 넣어 소스를 만듭니다. 금세 저녁이 완성되었어요! **4인분**

중력 밀가루 ¼컵

닭고기 커틀릿 680g

굵은소금과 후추

엑스트라 버진 올리브유 1큰술

무염 버터 3큰술

다진 신선한 타임 2큰술

양송이버섯 455g : 4등분 해주세요.

드라이한 화이트 와인 ¼컵

저염 닭 육수 ¼컵

다진 이탈리안 파슬리 ¼컵

1. 얇은 접시에 밀가루를 담아주세요. 닭을 소금과 후추로 밑간하고 밀가루 옷을 입힌 후 살짝 털어냅니다.

2. 큰 스킬렛을 중-강 불에 올리고 오일과 버터 1큰술을 넣어줍니다. 고기의 분량을 나누어 색이 나고 잘 익을 때까지 한 면에 3분가량 구워주세요. 접시에 옮기고 쿠킹 호일로 느슨하게 덮어 따뜻하게 유지합니다.

3. 중 불로 줄이고 타임과 버섯을 넣고 남은 버터 2큰술을 넣은 후 익을 때까지 6분 동안 볶아줍니다. 와인과 육수를 넣고 저어주면서 액체가 반으로 줄 때까지 3분 동안 끓입니다.

4. 소금과 후추로 간하고 접시에 흘러나온 육수와 고기를 함께 팬에 넣어줍니다. 다진 파슬리를 올려 냅니다.

치킨 커틀릿

얇게 저민 닭 가슴살을 살 수도 있지만 뼈가 없는 가슴살을 사서 직접 손질하면 돈을 절약할 수 있어요. 닭 가슴살을 수평으로 자르고 종이 호일 사이에 넣은 후 나무 망치로 두드려 0.5cm 두께로 얇게 펴줍니다.

Three-Cheese Lasagna

세 가지 치즈를 넣은 라자냐

조리 시간 30분 / 총 소요 시간 1시간

스마트하고 간단한 방법을 알려드릴게요. 마리나라 소스를 직접 만들고 소스를 만든 팬에 바로 라자냐를 만듭니다. 라자냐 파스타를 팬의 크기에 맞게 잘라서 사용하세요. **4~6인분**

홀 플럼 토마토 2캔 (총 1.2kg)
마늘 3쪽 : 곱게 다져주세요.
엑스트라 버진 올리브유 3큰술
굵은소금 후추
알이 굵은 달걀 노른자 1개

저지방 리코타 치즈 340g : 실온에 두세요.
삶지 않아도 되는 라자냐 340g
썰어놓은 신선한 모짜렐라 치즈 225g
페코리노 로마노 또는 파르미지아노 레지아노 치즈 28g

1. 오븐을 205℃로 예열합니다. 푸드 프로세서에 토마토(캔에 들은 액체 포함)를 넣고 건더기가 있는 퓌레로 만들어줍니다.

2. 큰 소테 팬을 중-강 불에 올리고 토마토, 마늘, 오일을 넣고 한소끔 끓입니다. 소금과 후추로 간을 하고 불을 중 불로 줄인 후, 걸쭉해질 때까지 12분가량 뭉근하게 끓여줍니다. (약 5컵 분량의 마리나라 소스가 만들어져야 합니다.)

3. 끓이는 동안 볼에 달걀 노른자와 리코타 치즈 소금과 후추 ½작은술을 섞어주세요.

4. 소스를 내열 볼에 넣고 그중 ¾컵은 팬에 부은 후 고르게 펴주세요. 그 위에 라자냐 면을 잘라 한 층으로 소스를 덮어줍니다. 그 위에 섞어놓은 리코타 치즈를 고르게 폅니다. 면을 가지고 두 번째 층을 만들고 마리나라 소스 1½컵을 올립니다. 다시 면을 가지고 세 번째 층을 만들고 그 위에 남은 리코타 치즈를 올립니다. 마지막으로 한 층 더 면을 올리고 남은 소스를 올립니다.

5. 모차렐라와 페코리노 치즈를 위에 뿌리고 색이 노릇해지고 보글보글 끓을 때까지 35분 동안 구워줍니다. 10분 정도 그대로 두었다가 테이블에 내면 완성입니다.

신선한 모차렐라 채썰기

모차렐라 치즈의 맛과 식감은 라자냐에 적합하지요. 하지만 너무 부드럽기 때문에 갈아 쓰는 것이 어려울 수 있습니다. 그럴 땐 냉동실에 20분 정도 넣어 단단하게 만든 후 (꽁꽁 얼리면 안 됩니다.) 갈아 써보세요.

Spicy Zucchini Frittata
스파이시 주키니 프리타타

조리 시간 20분 / 총 소요 시간 25분

옥수수와 할라피뇨를 넣어 이탈리아 프리타타에 남서부 느낌을 주었어요. 삼시 세끼, 뜨겁게 혹은 차갑게 어떻게 먹어도 좋습니다. 옥수수 철이 되면 옥수수 대에 붙은 알을 썰어 넣으세요. 냉동 옥수수를 사용해도 좋습니다. **4인분**

엑스트라 버진 올리브유 1큰술

작은 붉은 양파 ½개 : 얇게 썰어주세요.

할라피뇨 1개 : 얇게 썰어주세요.

주키니 호박 1개 : 얇게 썰어주세요.

옥수수알 1컵

굵은소금

알이 굵은 달걀 8개

1. 오븐의 상단 열선만 예열합니다. 오븐 사용이 가능하고 바닥이 두꺼운 중간 크기의 스킬렛을 중 불에 올리고 오일을 두릅니다. 양파와 할라피뇨를 넣고 익을 때까지 5분 동안 볶아주세요. 주키니 호박과 옥수수를 넣고 익을 때까지 7분가량 더 볶고 소금으로 간해주세요.

2. 볼에 달걀과 소금 ½작은술을 넣고 거품을 냅니다. 달걀을 채소가 들어 있는 스킬렛에 부어주세요. 가장자리가 익기 시작할 때까지 2~3분가량 익힙니다.

3. 스킬렛을 오븐에 넣어줍니다. 가운데 부분이 익고 노릇한 색이 나며 윗부분이 부풀어 오를 때까지 2~3분 동안 익힙니다. 기호에 맞게 뜨겁게 또는 차게 드시면 됩니다.

Slow Cooker

슬로우 쿠커

자기가 알아서 요리가 만들어진다? 슬로우 쿠커만 있다면 이 꿈은 현실이 됩니다. 슬로우 쿠커 안에 재료를 섞고 버튼만 누르면 몇 시간 후에 건강한 집밥을 먹을 수 있어요.

기본 사항

슬로우 쿠커(일반적으로 브랜드명 자체인 크록팟이라 불림)는 세라믹, 도자기 또는 금속 부속품과 꽉 맞는 뚜껑이 있는 전기 제품입니다. 슬로우 쿠커는 액체에 넣은 재료를 저온으로 조리하기 때문에 지켜보는 사람 없이 조리 중인 상태로 두어도 안전합니다. 약 4~8시간에 걸쳐 소고기 목심이나 양고기 정강이처럼 질긴 부위의 고기를 부드럽게 만들어줍니다. 뚜껑이 증발을 막아주기 때문에 맛있는 수프나 국물이 자작한 스튜 요리에도 적합하지요. 수시로 저을 필요가 없기 때문에 성가실 것도 없습니다. 오전에 세팅을 해두고 저녁에 집에 도착하면 맛있는 식사가 기다리고 있다니, 상상만 해도 기쁘지 않나요?

이 완벽한 제품의 단점은 무엇일까요? 일부 슬로우 쿠커 레시피는 편의를 높이기 위해 맛을 타협합니다. 즉 모든 재료를 안에 넣고 조리하면 수프나 스튜를 만들 때 가장 먼저 하는 부분을 건너뛰게 되지요. 바로 고기에 색을 내는 과정(브라우닝)인데, 이 단계는 요리할 때 맛을 내는 가장 중요한 토대가 됩니다. 특히 닭 요리의 경우, 육질이 건조해지는 것을 막아주는 역할을 합니다. 이 책에 수록한 레시피는 주로 고기의 색을 내는 과정을 필요로 하지 않는 요리들로 구성되어 있습니다. 닭 요리의 경우 금속 부속품이 있는 슬로우 쿠커를 사용해 브라우닝을 했습니다. 집에 있는 슬로우 쿠커에 이런 부속품이 없다면 조리 전에 닭의 껍질을 벗기면 됩니다.

조리 팁

• 슬로우 쿠커에 적합한 재료를 선택합니다. 닭 가슴살과 기름기 적고 부드러운 소고기, 돼지고기, 양고기는 쉽게 건조해질 수 있어요. 다짐육과 해산물도 슬로우 쿠커에 조리하기에는 너무 빨리 익는 재료입니다.

• 레시피에 나온 슬로우 쿠커의 크기를 잘 확인하세요. 요리할 때 슬로우 쿠커 냄비는 반이나 ⅔ 정도만 채우는 게 좋습니다. 재료를 너무 조금 넣어 조리하면 지나치게 익을 수 있고, 반대로 재료를 너무 많이 채우면 음식이 끓으면서 넘치거나 물방울이 맺힐 수 있어요.

• 냄비 안을 들여다보고 싶은 유혹을 뿌리치세요. 슬로우 쿠커는 예열하는 데 시간이 걸리는 도구입니다. 뚜껑을 열면 스팀이 나오면서 안의 온도를 떨어뜨리는데, 뚜껑을 한 번씩 열 때마다 조리 시간이 15분씩 늘어난다고 보면 됩니다.

• 조리하는 데 걸리는 시간보다 시간적 여유가 있다면 미리 냄비에 재료를 준비해서 뚜껑을 닫고 냉장고에 하룻밤 넣어두세요. 차갑게 식은 냄비로 조리를 시작하면 재료가 익는 데 일반 조리 시간보다 1시간 정도 더 걸린답니다.

• 본인이 갖고 있는 슬로우 쿠커와 친해지세요. 모델마다 가열하는 속도와 온도가 다릅니다. 레시피에 나온 대로 조리했을 때 만들어진 결과물에 따라서 조리 시간을 조절하세요.

• 슬로우 쿠커에 절대 냉동 음식은 넣지 않습니다. 고기가 안전하지 않은 온도에 너무 오래 있게 되면 유해한 박테리아가 번식할 수 있어요.

사이즈

5~6ℓ 크기의 슬로우 쿠커는 대부분의 레시피를 소화하고 4~8인분 정도를 요리할 수 있습니다. 타원형 또는 직사각형 형태의 슬로우 쿠커는 원형보다 쉽게 닭한 마리를 통째로 넣을 수 있지요.

브라우닝 옵션

일부 모델은 슬로우 쿠커로 옮기기 전에 가스레인지에 사용하거나 브라우닝이 가능하게 가열할 수 있는 금속 부속품을 제공합니다. 양파와 여러 향료를 볶고 고기를 브라우닝 할 수 있기 때문에 옵션이 있는 모델을 선호합니다.

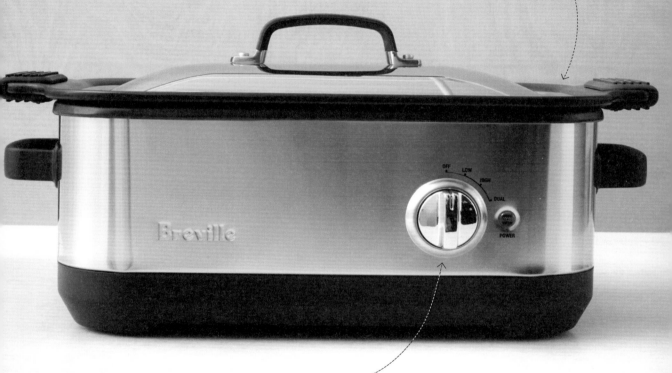

스마트 세팅

슬로우 쿠커로 요리할 때는 '약'과 '강' 모드만 있으면 됩니다. 하지만 많은 모델들이 '보온' 모드와 타이머 같은 기타 기능을 제공하지요. 그중 하나라도 필요한 기능이 있다면 어떤 것이 본인에게 유용할지에 따라서 선택하면 됩니다.

포장 옵션

슬로우 쿠커에 음식을 해서 포트럭 파티에 가져가고 싶다면 잠금 기능이 있는 뚜껑과 운반 케이스가 있는 모델을 찾아보세요.

Spiced Chicken Stew with Carrots

당근과 향신료를 넣은 치킨 스튜

조리 시간 10분 / 총 소요 시간 4시간 10분

모로코 풍미가 살아 있는 이 요리는 닭 껍질을 바삭하게 구울 수 있는 '브라우닝' 옵션이 있는 슬로우 쿠커를 사용했습니다. 스튜만 먹어도 훌륭하지만 쿠스쿠스를 곁들이면 간단하면서도 스튜와 잘 어울리는 사이드 메뉴가 완성됩니다. **4인분**

뼈가 있는 닭 허벅지 살 8조각 (총 1.2kg)

굵은소금과 후추

올리브유 2큰술 (선택)

당근 910g : 4cm 길이로 잘라주세요.

마늘 1쪽 : 얇게 저며주세요.

시나몬 스틱 1개

큐민 가루 1작은술

옅은 갈색의 건포도 ¼컵

신선한 고수 ½컵

아몬드 슬라이스 ¼컵 : 살짝 구워주세요. (선택)

1. 닭을 소금과 후추로 밑간해주세요. '브라우닝' 옵션이 있는 5~6ℓ 용량의 슬로우 쿠커에 기름을 두르고 닭고기를 구워 색을 낸 후 접시에 옮깁니다. (집에 있는 슬로우 쿠커에 브라우닝 옵션이 없다면 닭의 껍질을 제거해주세요.)

2. 당근, 마늘, 시나몬 스틱, 큐민 가루를 솥에 넣고 그 위에 닭을 올립니다. 뚜껑을 덮고 닭이 잘 익을 때까지 강으로 4시간 (또는 약으로 8시간) 끓이고 완료되기 15분 전에 건포도를 넣어주세요.

3. 흘림 국자를 이용해 닭과 당근을 접시에 덜고 시나몬 스틱은 꺼내 버립니다. 그 위에 고수와 아몬드를 올려주세요. 소금과 후추로 솥에 남은 육수에 간을 하고 테이블에 내기 전에 닭고기 위에 얹으면 완성입니다.

슬로우 쿠커

Pulled Pork

풀드 포크

조리 시간 10분 / 총 소요 시간 6시간 30분

바비큐 순수주의자들은 풀드 포크를 제대로 요리하려면 깊은 구덩이 안에서 훈제해야 한다고 주장하겠지만 그 부분에 대해서는 옥신각신하지 않기로 해요. 이 레시피를 활용하면 간단하고 맛있는 풀드 포크를 맛볼 수 있습니다. **8인분**

뼈를 제거한 돼지고기 목살 1.3kg : 가로로 반 잘라서 준비합니다.

중간 크기 양파 1개 : 곱게 다져주세요.

오레가노 가루 1작은술

월계수 잎 2장

아도보 소스에 들은 치포틀 고추 + 아도보 소스 1큰술

으깬 토마토 1캔 (795g)

홀 토마토 1캔 (410g)

굵은소금 2작은술

후추 ½작은술

샌드위치용 롤빵 8개 : 가운데에 칼집을 내 준비합니다.

코울슬로 : 마지막에 같이 냅니다.

피클 : 마지막에 같이 냅니다.

1. 5~6ℓ 용량의 슬로우 쿠커에 양파, 오레가노, 월계수 잎, 치포틀, 아도보 소스, 토마토(퓌레 포함), 소금, 후추를 섞어주세요. 여기에 고기를 넣고 버무려 양념에 완전히 코팅시킵니다.

2. 뚜껑을 덮고 고기가 푹 익어서 잘 찢어질 때까지 강으로 6시간 동안 끓입니다. 돼지고기를 볼에 옮기고 포크 두 개를 사용해 찢어주세요.

3. 찢은 고기를 다시 솥에 넣고 소스에 버무립니다. 월계수 잎은 꺼내 버리고 준비된 풀드 포크를 롤빵, 코울슬로, 피클과 함께 냅니다.

Corned Beef and Cabbage

콘비프와 양배추

조리 시간 15분 / 총 소요 시간 5시간 15분

'성 패트릭 데이'를 기념하며 먹는 이 음식은 일 년에 한 번만 만들기에는 아쉬운 메뉴입니다. 콘비프 라는 이름은 염장을 하는 과정, 즉 큰 덩어리의 소고기를 소금물로 보존 처리하는 과정에서 왔답니다.

6인분

소금에 절인 양지 1.4kg

피클링 스파이스 1큰술

당근 3개 : 7.5cm 크기로 잘라주세요.

셀러리 줄기 2대 : 7.5cm 크기로 잘라주세요.

작은 양파 1개 : 뿌리는 끝까지 자르지 않고 2.5cm 크기의 웨지 모양으로 잘라주세요.

뉴 포테이토 225g : 잘 씻어 반으로 잘라주세요.

타임 6줄기

물 6컵

사보이 양배추 ½통 : 4cm 크기의 웨지 모양으로 잘라주세요.

홀 그레인 머스터드 : 마지막에 같이 냅니다.

1. 5~6ℓ 슬로우 쿠커에 당근, 셀러리, 양파, 감자, 타임을 넣습니다. 지방이 위로 가도록 콘비프를 채소 위에 놓고 피클링 스파이스를 뿌려주세요.

2. 고기가 살짝 잠길 정도로 물을 넣고 뚜껑을 덮은 후, 콘비프가 부드럽게 익을 때까지 강으로 4시간 15분 (또는 약으로 8시간 30분) 동안 끓입니다.

3. 콘비프 위에 양배추를 넣고 뚜껑을 닫은 후 익을 때까지 45분 (또는 약으로 1시간 30분) 더 끓입니다.

4. 고기 결의 반대 방향으로 콘비프를 얇게 썰어주세요. 솥에 남은 육수를 고기와 채소 위에 뿌리고, 머스터드와 함께 내면 완성입니다.

슬로우 쿠커

Spicy Turkey Chili

스파이시 터키 칠리

조리 시간 15분 / 총 소요 시간 3시간 45분

세 가지 고추를 넣은 칠리 요리입니다. 세라노 고추, 오도보 소스에 들어 있는 치포틀, 칠리 파우더가 풍미를 깊게 하고 훈제 느낌과 매운맛을 살려주지요. 신선한 고추의 매운 정도는 고추마다 크게 다릅니다. 세라노 고추를 맛보고 입에 불이 날 지경으로 맵다면 하나만 사용하세요. **6인분**

칠면조 허벅지 살 680g
: 뼈를 발라내고 껍질을 제거한 후 2.5cm 크기로 잘라주세요.

중간 크기의 양파 1개 : 곱게 다져주세요.

마늘 3쪽 : 곱게 다져주세요.

세라노 또는 할라피뇨 고추 1~2개 + 고명용 여분
: 씨를 빼고 다져주세요.

오도보 소스에 들은 치포틀 1개 : 곱게 다져주세요.

홀 토마토 1캔 (795g) : 걸쭉하게 갈아주세요.

칠리 파우더 2큰술

굵은소금

블랙빈 2캔 (각 440g) : 헹구고 물기를 빼주세요.

화이트 비니거 1큰술

고명용 사워크림과 고수

1. 5~6ℓ 슬로우 쿠커에 칠면조, 양파, 마늘, 세라노 고추, 치포틀 고추, 토마토, 칠리 파우더, 소금 1작은술을 넣습니다. 뚜껑을 덮고 칠면조를 포크로 찔렀을 때 푹 들어갈 정도로 익을 때까지 강으로 3시간 (또는 약으로 6시간) 끓여주세요.

2. 블랙빈을 넣고 따듯해질 때까지 30분가량 더 익힙니다. 여기에 비니거를 넣고 소금으로 간해주세요. 얇게 썬 고추, 사워크림, 고수를 올려 냅니다.

아도보 소스에 들은 치포틀

치포틀 고추는 말려서 훈제한 할라피뇨 고추입니다. 일반적으로 캔에 아도보라는 톡 쏘는 맛의 소스에 든 형태로 판매합니다. 치포틀 고추는 수프나 스튜에 잘 어울리지만 매운맛이 강하므로 취향에 맞게 하나만 사용합니다. 남은 고추는 지퍼백에 넣어 3개월까지 냉동 보관이 가능합니다.

Garlic Chicken with Barley

보리를 넣은 갈릭 치킨

조리 시간 20분 / 총 소요 시간 2시간 20분

건강한 보리와 단맛이 꽉 찬 완두콩만큼 봄을 떠올리게 하는 요리가 또 있을까요? 이 한 끼 식사는 봄의 싱긋한 계절에 아름답게 걸쳐 있습니다. 식욕을 돋우는 만족스러운 식사이자 따뜻한 봄날에 대한 싱싱한 약속이 이 한 그릇에 가득합니다. **4인분**

닭 한 마리 (약 1.8kg) : 10조각 내서 준비하세요.

굵은소금과 후추

올리브유 2큰술

보리쌀 ⅔컵

저염 닭 육수 1½컵

화이트 와인 ¼컵

중간 크기의 양파 1개 : 얇게 썰어주세요.

마늘 4쪽 : 얇게 저며주세요.

냉동 완두콩 1½컵 : 해동해서 준비하세요.

다진 타라곤 2작은술

1. 닭은 소금과 후추로 밑간해주세요. 브라우닝 옵션이 있는 5~6ℓ 슬로우 쿠커에 오일을 두르고 닭을 10분 동안 구워 색을 내고 접시에 옮기세요. (집에 있는 슬로우 쿠커에 브라우닝 옵션이 없다면 닭의 껍질을 제거하면 됩니다.)

2. 보리, 육수, 오일, 양파, 마늘을 냄비에 넣고 소금 후추로 간해주세요. 그 위에 닭을 올린 후 뚜껑을 닫고 닭이 익을 때까지 약으로 2시간 동안 끓입니다.

3. 완두콩과 타라곤을 보리쌀에 섞고 소금과 후추로 간한 후 접시에 담아주세요. 보리쌀 위에 닭을 올려 냅니다.

요리에 쓰는 와인

요리에 쓸 와인은 본인이 마시고 싶은 와인을 고르면 됩니다. 드라이한 쇼비뇽 블랑은 레시피에도 어울리고 상큼한 신맛은 반주로도 적합합니다. 무알콜 버전을 원한다면 저염 닭 육수로 대체하세요.

One Pot, Four Ways
Pot Roast

네 가지 방식의 원 팟 요리 : 팟 로스트

조리 시간 15분 / 총 소요 시간 5시간 15분

소고기의 질긴 부위를 육즙이 가득 차고 부드러워질 때까지 굽고 저온에서 오래 찌는 팟 로스트를 만들려면 우선 마블링이 좋은 목심을 고르세요. 여기에 익숙한 조합인 당근과 감자를 넣거나 다음에 제안하는 변형 레시피를 시도해보세요. **6인분**

클래식 팟 로스트

소고기 로스트용 1.4kg (목심 선호) : 지방을 제거해주세요.

옥수수 전분 1큰술과 1작은술

저염 닭 육수 ¾컵

토마토 페이스트 3큰술

작은 유콘 골드 감자 455g : 씻어서 반으로 잘라주세요.

큰 당근 2개 : 5cm 크기로 썰어주세요.

중간 크기의 양파 1개 : 1.5cm 크기 웨지 모양으로 썰어주세요.

우스터소스 2큰술

굵은소금과 후추

마늘 4쪽 : 페이스트 상태가 될 정도로 으깨주세요.

1. 5~6ℓ 슬로우 쿠커에 옥수수 전분과 육수 2큰술을 넣고 부드러운 상태가 될 때까지 섞어줍니다. 남은 육수와, 토마토 페이스트, 감자, 당근, 양파, 우스터소스를 넣고 소금과 후추로 간을 한 후 섞어주세요.

2. 고기를 소금 1작은술과 후추 ½작은술로 양념하고 마늘을 문지릅니다. 채소 위에 올린 후 뚜껑을 닫고 고기를 포크로 찔렀을 때 푹 들어갈 정도로 익을 때까지 강으로 5시간 (또는 약으로 8시간) 끓여주세요.

3. 고기를 도마에 옮기고 결 반대 방향으로 얇게 썰어줍니다. 채소를 그릇에 담고 솥에 남은 국물 위에 기름을 걷은 후 원하면 고운 면보에 한 번 걸러주세요. 고기와 채소 위에 국물을 부어 냅니다.

브로콜리 라베와 레몬을 넣은 팟 로스트

- 1단계에서 토마토 페이스트, 당근, 우스터소스를 빼고 **로즈마리** 2줄기를 넣어줍니다.

- 2단계에서 조리가 끝나기 20분 전에 **브로콜리 라베** 340g을 슬로우 쿠커에 넣고 국물에 잠기도록 눌러준 후 20분간 익히고 나서 그릇에 담아주세요. 곱게 간 **레몬 제스트** 1작은술과 신선한 **레몬즙** 1큰술을 국물에 섞어줍니다.

표고버섯과 생강을 넣은 팟 로스트

- 1단계에서 토마토 페이스트를 **저염 간장**으로 대체합니다. 감자 대신 껍질을 벗기고 2.5cm 크기의 웨지 모양으로 썬 **순무**를 넣어주세요. 당근은 줄기를 떼고 얇게 썬 **표고버섯** 225g으로 대체합니다. 양파 대신 껍질을 벗기고 다진 신선한 **생강** ¼컵을 넣고, 우스터소스는 **해선장**으로 대신합니다.

- 3단계에서 **쪽파**를 얇게 썰어 고명으로 올리면 완성입니다.

고구마와 푸룬을 넣은 팟 로스트

- 1단계에서 토마토 페이스트를 빼고, 감자는 2.5cm 크기의 웨지 모양으로 썬 **고구마**로 대체합니다. 당근은 반으로 자른 **푸룬** ½컵으로 대체하고 우스터소스 대신 **레드 와인** ¼컵을 넣어주세요.

- 3단계에서 반으로 자른 **푸룬** ½컵을 소스에 추가합니다.

클래식 팟 로스트
112쪽

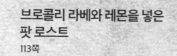

**브로콜리 라베와 레몬을 넣은
팟 로스트**
113쪽

**표고버섯과 생강을 넣은
팟 로스트**
113쪽

**고구마와
푸룬을 넣은
팟 로스트**
113쪽

Potato and Bacon Soup
베이컨 감자 수프

조리 시간 20분 / 총 시간 4시간 20분

일찍 해가 지고 몸에 찬 기운이 떠나지 않을 때, 이 수프가 필요한 순간입니다. 육수는 두껍게 썬 베이컨과 영양가가 높은 뿌리채소를 우려 만들었습니다. 황금빛 그뤼에르 치즈를 올린 빵을 함께 내면 따뜻한 위로가 되는 수프가 완성됩니다. **8인분**

베이컨 115g : 껍질을 벗기고 2.5cm 조각으로 썰어 준비합니다.

작은 유콘 골드 감자 455g : 씻어서 반으로 잘라주세요.

리크 2대 (흰색과 연두색 부분만 사용)
    : 동그란 모양을 살려 얇게 썰어주세요.

중간 크기의 펜넬 1통
    : 부드러운 잎은 남겨두고 1.5cm 크기로 토막내주세요.

사보이 양배추 ¼통 : 1.5cm 크기로 토막내주세요.

마늘 3쪽 : 굵게 다져주세요.

다진 타임 1큰술과 1작은술

굵은소금과 후추

저염 닭 육수 4컵

물 6컵

녹인 그뤼에르, 콩테 또는 톰 드 사부아 치즈를 올린 구운 바게트 슬라이스 : 마지막에 같이 냅니다. (선택)

1. 5~6ℓ 슬로우 쿠커에 베이컨과 감자를 넣습니다. 리크와 다진 펜넬, 양배추, 마늘, 타임, 소금 2작은술을 볼에 넣고 버무린 후 슬로우 쿠커에 넣어주세요. 육수와 물을 넣어줍니다. (또는 육수 대신 물을 충분히 넣고 채소가 잠기도록 눌러주세요.)

2. 뚜껑을 덮고 채소가 익을 때까지 강으로 4시간 (또는 약으로 8시간) 동안 끓입니다. 소금과 후추로 간을 하고 남겨둔 펜넬의 부드러운 잎을 넣어주세요. 원하면 구운 바게트를 올려 냅니다.

슬로우 쿠커

Lamb Shanks and Potatoes

감자를 넣은 양고기 정강이 요리

조리 시간 20분 / 총 소요 시간 5시간 20분

향이 진한 향신료와 살구 잼의 단맛은 맛이 진하고 살이 많은 정강이뼈와 금상첨화라 할 수 있습니다. 집에 있는 슬로우 쿠커 사이즈에 잘 맞도록 정육점에서 정강이뼈를 잘라달라고 요청하세요. **6인분**

양고기 정강이 1.6kg
    : 여분의 지방은 제거하고 가로로 3등분 하세요.
뉴 포테이토 570g : 씻어서 반으로 잘라주세요.
으깬 토마토 1캔 (425g)
토마토 페이스트 3큰술
살구 잼 2큰술
마늘 6쪽 : 얇게 저며줍니다.

오렌지 제스트 3줄
으깬 말린 로즈마리 ¾작은술
생강가루 ½작은술
시나몬 가루 ½작은술
굵은소금과 후추
고명용 이탈리안 파슬리

1. 5~6ℓ 슬로우 쿠커에 토마토, 토마토 페이스트, 살구 잼, 마늘, 오렌지 제스트, 로즈마리, 생강가루, 시나몬 가루를 섞어줍니다. 소금과 후추로 밑간을 하고 고기와 감자를 넣고 잘 섞어주세요.

2. 뚜껑을 덮고 고기와 감자가 부드러워질 때까지 강으로 5시간 (또는 약으로 8시간) 익힙니다. 소금과 후추로 간을 하고 파슬리를 올려 냅니다.

Whole Poached Chicken with Asian Flavors
아시아 풍미를 살린 삶은 닭 요리

조리 시간 15분 / 총 소요 시간 2시간 15분

이 가볍고 섬세한 닭고기 요리는 슬로우 쿠커를 이용해 만드는 전형적인 메뉴와는 다릅니다. 슬로우 쿠커가 가진 저온 조리 방식이 닭고기를 제대로 삶아주기 때문에 살은 촉촉하고 국물의 풍미도 진해지지요. **4인분**

쪽파 3단 (뿌리와 줄기 전체)

고수 1단 (줄기와 이파리)

닭 한 마리 (약 1.8kg)

셀러리 2줄기 : 5cm 길이로 잘라주세요.

표고 버섯 12개 : 줄기를 제거해주세요.

생강 6쪽 : 껍질을 벗기고 약 0.5cm 크기로 썰어주세요.

스타아니스 6개

통후추 2작은술 (백후추 선호)

굵은소금 1큰술과 2작은술

물 8컵

1. 5~6ℓ 슬로우 쿠커에 쪽파 2단과 고수 ½단을 넣고 그 위에 닭고기를 올립니다. 셀러리, 버섯, 생강, 스타아니스, 통후추, 소금을 닭을 둘러싸게 놓습니다. 물을 넣고 뚜껑을 덮은 후 안의 온도가 73℃가 될 때까지 강으로 2시간 (또는 약으로 4시간) 동안 끓입니다.

2. 닭을 도마에 옮기고 분량에 맞춰 가슴살을 잘라주세요. 큰 볼에 나누어 담고 흘림 국자를 사용해 버섯을 볼에 옮깁니다. 국자로 스타아니스와 다른 재료는 들어가지 않도록 국물을 떠서 (또는 채에 걸러주세요.) 닭고기와 버섯 위에 부어주세요.

3. 남은 고수와 파를 굵게 다지고 마지막에 볼에 나누어 뿌립니다. 남은 육수는 걸러서 다음에 사용합니다.

Turkey Stew with Lima Beans

리마빈을 넣은 터키 스튜

조리 시간 15분 / 총 소요 시간 6시간 20분 (콩 불리는 시간 별도)

이 요리에 등장하는 두 주재료는 흔하지는 않지만 아름다운 조화를 이룹니다. 레몬 제스트와 레몬즙을 같이 내면 테이블 위에 활기를 북돋을 수 있어요. **8인분**

말린 리마빈 280g : 껍질을 고르고 헹궈서 준비하세요.

칠면조 허벅지 살 2쪽 (총 680g)
: 뼈와 껍질을 제거하고 4cm 크기로 썰어주세요.

굵은소금과 후추

식물성 식용유 1큰술

큰 양파 1개 : 깍둑썰기 해주세요.

마늘 3쪽 : 으깨주세요.

쇼비뇽 블랑류의 드라이한 화이트 와인 ¼컵

저염 닭 육수 1½컵

크게 벗긴 레몬 제스트 5줄, 레몬즙 1큰술, 웨지 모양으로 썬 레몬
: 마지막에 함께 냅니다.

1. 콩이 덮이도록 찬물을 붓고 밤새 불립니다. 물기를 빼고 고기는 소금과 후추로 밑간해주세요.

2. 브라우닝 옵션이 있는 5~6ℓ 슬로우 쿠커에 오일을 두르고 8분 동안 고기를 구워 색을 냅니다. 접시에 옮기고 양파와 마늘을 넣고 양파가 투명해질 때까지 4분 동안 볶아주세요. 와인을 넣어 한소끔 끓인 후 나무 주걱으로 솥 가장자리와 바닥에 묻은 부분을 긁어 섞어줍니다.

3. 육수, 레몬 제스트, 콩, 칠면조를 슬로우 쿠커에 넣고 소금과 후추로 간해주세요.

4. 브라우닝 옵션이 없는 슬로우 쿠커를 사용할 경우 콩을 먼저 솥에 넣어주세요. 레몬즙과 레몬 웨지를 제외한 모든 재료를 넣습니다.

5. 뚜껑을 닫고 강으로 6시간 끓입니다. (콩은 부드럽게 익고 고기는 살이 분리되기 시작합니다.) 레몬즙을 넣어 섞어주고 레몬 웨지와 함께 냅니다.

Roasting Pan & Baking Dish

로스팅 팬 & 베이킹 접시

로스팅 팬을 사용하면 주요리와 사이드 메뉴를 함께 요리할 수 있어요. 베이킹 접시는 재료를 겹겹이 쌓아서 만드는 전형적인 캐서롤을 현대적으로 해석하는 데 완벽한 도구입니다. 가장 좋은 점은 둘 중 무엇을 쓰더라도 대부분의 요리는 오븐이 한다는 점입니다.

기본 사항

로스팅 팬과 베이킹 접시는 사용하는 방법은 비슷하지만 동일하지는 않습니다.

로스팅이란 금속 팬에 뚜껑을 덮지 않고 상대적으로 높은 온도에서 고기나 채소 같은 재료를 요리하는 것을 말합니다. 색이 나고 표면은 바삭하면서 안은 촉촉한 음식이 만들어집니다. 로스팅을 하면 음식의 맛이 농축되기 때문에 많은 양의 오일이나 향신료가 필요하지 않다는 장점이 있습니다. 레시피에서 '로스팅'을 요하면 로스팅 팬 또는 베이킹 팬을 사용합니다.

베이킹이란 용어는 일반적으로 빵이나 패스트리에 사용하지만, 재료를 겹겹이 쌓는 캐서롤이나 라자냐 스타일의 음식을 요리할 때 쓰이기도 합니다. 때에 따라 굽는 도중 일정 시간 동안 음식을 덮어두기도 하고 조리 온도는 로스팅보다 낮습니다. 유리나 세라믹 베이킹 그릇을 사용합니다.

조리 팁

• 로스팅을 할 때는 팬에 재료를 너무 많이 올리지 않습니다. 재료 사이에 공간을 두지 않으면 음식이 쪄지게 되고, 노릇한 부분이나 바삭한 가장자리도 즐길 수 없어요. 재료를 굽는 동안 뒤집개나 집게를 이용해 한 번씩 뒤집어주어야 모든 면이 고루 노릇해집니다.

• 채소는 동일하게 익을 수 있도록 같은 크기로 자릅니다.

• 재료는 조리 시작 전에 상온에 둡니다. 오븐에 넣기 전에 약 1시간 정도(재료의 크기와 실내 온도에 따라 다름) 상온에 둡니다.

• 고기의 익은 정도를 확인하는 데 조리용 온도계를 사용합니다.

• 로스팅 하는 음식은 꼭 휴지시켜줍니다. 오븐에서 꺼낸 음식을 상온에 10~20분 정도 놓아두는 동안 잔열로 음식이 계속 익고, 육즙이 골고루 전체에 다시 퍼지게 합니다.

로스팅 팬

가로세로 30cm×40cm, 높이 8cm 이상의 팬을 고릅니다. 이 크기는 중간 크기의 로스트용 고기와 사이드로 곁들일 채소(또는 휴일에 구워 먹는 큰 고기)를 넣고 흘러나오는 육즙까지 낭비하지 않습니다. 무쇠 팬은 고온에도 찌그러지지 않고 브라우닝도 가능합니다. 레인지에 바로 올릴 수 있는 팬은 그레이비(육즙에 밀가루 등을 넣어 만든 소스)를 만들 수 있는 것이 장점입니다. 리벳으로 고정된 손잡이는 움켜잡기도 편하고 튼튼합니다.

베이킹 팬

식당 주방에 가면 한 다스씩 놓여 있는 팬입니다. 그렇다고 가정에서 사용하지 않는 건 아니지요. 대형(하프 팬이라고 알려진 33cm×46cm) 크기는 저녁 메뉴를 요리하는 데 충분합니다. 가장자리가 낮기 때문에 브라우닝이 잘되고 로스팅 팬에 비해 설거지와 저장도 쉽습니다. 변형이 적은 두꺼운 팬을 고르도록 합니다.

베이킹 접시

일반적으로 유용한 크기는 22cm×33cm 또는 20cm 정사각형 사이즈입니다. 전자는 라자냐 접시라고 부르기도 합니다. 세라믹이나 유리의 성능은 비슷합니다. 이 접시는 오븐에서 바로 테이블로 가기 때문에 마음에 드는 것을 고르는 것이 좋습니다.

Lamb with Asparagus and Potatoes

아스파라거스와 감자를 곁들인 양고기

조리 시간 35분 / 총 소요 시간 3시간

특별한 날에 어울릴 만한 우아한 요리입니다. 그렇다고 꼭 특별한 날을 기다릴 필요 있나요? 유콘 골드 감자는 구워도 모양이 그대로 유지됩니다. **8인분**

레몬 2개 분량의 다진 제스트와 레몬즙

마늘 1톨 : 한 쪽씩 으깨주세요.

다진 신선한 로즈마리 2큰술

엑스트라 버진 올리브유 ½컵

뼈를 제거한 양고기 다리 살 로스트용 (약 1.8kg)
: 2.5cm 간격으로 묶어주세요.

굵은소금과 후추

작은 유콘 골드 감자 910g : 껍질을 벗겨주세요.

아스파라거스 1다발 : 손질하여 준비하세요.

1. 볼에 레몬 제스트와 즙, 마늘, 로즈마리를 넣어주세요. 오일 ¼컵과 2큰술을 섞고 고기는 소금과 후추로 밑간합니다. 고기를 큰 지퍼백에 넣고 만든 양념을 넣어주세요. 공기를 최대한 빼서 지퍼백을 닫고 몇 번 흔들어서 양념이 고기에 고루 묻도록 합니다. 상온에 1시간 동안 두고 (또는 하룻밤 냉장) 중간에 한 번 뒤집어줍니다.

2. 오븐을 232℃로 예열합니다. (냉장고에 하룻밤 재워두었다면 요리 시작 1시간 전에 꺼내둡니다.) 남은 오일을 감자와 함께 버무리고 소금, 후추로 간해주세요. 로스팅 팬에 옮기고 20분 동안 굽습니다.

3. 고기를 양념에서 꺼내고 소금과 후추로 간합니다. 감자를 팬 가장자리로 밀고 고기와 양념을 넣은 후 15분 동안 구워줍니다. 오븐을 148℃로 맞추고 40분 동안 굽습니다.

4. 아스파라거스를 넣고 팬에 흘러나온 육즙을 고루 묻혀서 고기가 미디움 레어(고기 가장 두꺼운 부분에 온도계를 넣었을 때 54℃)로 익을 때까지 20분 정도 더 구워줍니다.

5. 고기를 썰기 전에 쿠킹 호일을 씌우고 20분간 휴지시킵니다. 채소를 완전히 익혀 먹으려면 고기를 휴지시키는 동안 오븐에 다시 넣어줍니다.

Broiled Striped Bass with Tomatoes

토마토를 곁들인 구운 줄농어

조리 시간 15분 / 총 소요 시간 30분

번거롭지 않고 신속하게 준비할 수 있는 저녁 메뉴를 원한다면 일단 브로일러를 켜세요. 브로일링은 그릴과 비슷하지만 열이 아래서 올라오는 것이 아니라 위에서 가해지고 날씨에 상관없이 언제든지 쓸 수 있답니다. **4인분**

껍질을 벗긴 줄농어 살 680g

간 마늘 2작은술

말린 오레가노 2작은술

곱게 간 레몬 제스트 2작은술과 레몬즙 1큰술

굵은소금과 후추

엑스트라 버진 올리브유 3큰술

큰 펜넬 1통 : 부드러운 잎 ¼컵은 남기고 줄기까지 세로로 얇게 썰어주세요.

방울토마토 470g

칼라마타류의 소금물에 절인 블랙 올리브 ½컵

1. 열선에서 20cm 떨어진 높이에 선반을 놓고 브로일러를 예열합니다. 농어 위에 5cm 간격으로 0.5cm 깊이로 어슷하게 칼집을 냅니다. 마늘, 오레가노, 레몬 제스트와 즙, 소금 1작은술, 후추 ¼작은술, 오일 2큰술을 섞어 농어 칼집 사이와 양면에 발라줍니다.

2. 베이킹 팬에 펜넬 줄기를 세로로 놓고 칼집을 넣은 면이 위로 가도록 농어를 놓습니다. 펜넬 슬라이스와 방울토마토, 남은 올리브유, 소금 ½작은술, 후추 ¼작은술을 넣어 버무리고 농어 주위에 골고루 놓습니다.

3. 생선이 익어 불투명해지고 채소가 군데군데 그을러질 때까지 10분 동안 구워줍니다. (채소가 까맣게 타기 시작하면 쿠킹 호일을 씌우세요.)

4. 생선과 채소를 접시 4개에 나누어 담고 펜넬의 부드러운 잎을 고명으로 올리면 완성입니다.

Pork Chops with Bacon and Cabbage

베이컨과 양배추를 넣은 폭찹

조리 시간 40분 / 총 소요 시간 40분

이탈리아 인기 메뉴인 우유에 졸인 포크 로스트에서 영감을 받아 만든 버전으로 폭찹과 채소를 한 팬에 같이 요리하는 게 포인트입니다. 당신의 소울 푸드 리스트에 추가해도 좋을 거예요. **4인분**

엑스트라 버진 올리브유 2큰술

뼈가 있는 폭찹 4개 : 2.5cm 두께로 썰어주세요.

굵은소금과 후추

베이컨 4장 : 큼직하게 다져주세요.

양파 1개 : 1.5cm 두께로 썰어주세요.

양배추 1통 : 가운데 부분을 제거하고 8개의 웨지 모양으로 썰어주세요.

중력 밀가루 3큰술

우유 3컵

1. 오븐을 200℃로 예열합니다. 큰 로스팅 팬을 레인지 2구에 걸쳐 강 불에 올리고 오일을 두릅니다. 돼지고기는 소금과 후추로 밑간하고 팬에 올려 한 면에 5분가량 구우면서 색을 냅니다. 뒤집어 1분 동안 더 굽고 접시에 옮깁니다.

2. 불을 중 불로 줄입니다. 베이컨을 넣고 노릇하게 5분가량 구운 후, 양파를 넣고 5분 더 익힙니다. 양배추를 썬 면이 바닥으로 가게 놓고 노릇해질 때까지 6분 정도 익혀주세요. 뒤집고 살짝 부드러워질 때까지 3분 동안 더 굽습니다.

3. 밀가루를 넣고 재료에 코팅이 되도록 섞어줍니다. 우유를 넣고 계속 저어주면서 걸쭉하질 때까지 4분 동안 끓입니다.

4. 소금과 후추로 간하고 그 소스 안에 폭찹을 넣어주세요. 팬을 오븐에 넣고 고기가 다 익을 때까지 10분 동안 굽습니다.

폭찹 고르기

돼지고기는 한 세대 전과 비교해 월등히 안전해지고 기름기도 적어졌습니다. 반가운 소식이지만 지방이 적다는 것은 조리 중에 고기가 건조해지기 쉽다는 것을 의미하기도 합니다. 두툼하고 뼈가 있는 폭찹을 골라야 육즙이 마르지 않아요. 너무 오래 익히지 않도록 주의합니다.

로스팅 팬 & 베이킹 접시

Spatchcocked Chicken with Herbs and Lemon

허브와 레몬을 넣은 구운 닭 요리

조리 시간 25분 / 총 소요 시간 1시간

닭을 통째로 구우면 균일하게 열이 가해지지 않아 가슴살은 퍽퍽해지고 허벅지 안쪽은 덜 익는 경우가 생깁니다. 척추 부위를 잘라 평평하게 펴서 익히는 '스페치콕' 기술은 발음은 우습지만 30분 안에 고루 익힐 수 있는 훌륭한 기술입니다. 빵을 곁들이는 것이 이 요리의 완성입니다. **4~6인분**

닭 1마리 (약 1.8kg)

무염 버터 3큰술 : 상온에 둡니다.

말돈류의 굵은 바다 소금 1½작은술

러스틱 브레드 8장 : 2cm 두께로 썰어주세요.

신선한 태국 바질 또는 일반 바질 1컵

신선한 민트 1컵

레몬 1개 : 반으로 잘라주세요.

1. 오븐을 218℃로 예열합니다. 가슴 부분이 바닥으로 가도록 닭을 작업대에 놓고 가위로 허벅지 끝에서부터 등뼈를 따라 자릅니다. 닭을 돌려서 반대 방향을 잘라주세요. (등뼈는 버리거나 육수용으로 남겨둡니다.) 닭을 뒤집고 등뼈를 단단히 눌러 납작하게 펴고, 버터 2큰술을 바른 후 소금으로 밑간합니다.

2. 남은 버터 1큰술은 빵 슬라이스 한 면에 고루 나누어 바릅니다. 종이 호일을 올린 베이킹 팬에 버터 바른 면이 위로 가게 빵을 나란히 놓고 그 위에 닭을 올려주세요. 닭이 노릇해지고 가슴살에 온도계를 넣었을 때 70℃가 될 때까지 35분 동안 굽습니다. 온도계는 뼈에 닿지 않게 합니다.

3. 오븐에서 닭을 꺼내고 베이킹 팬 위에 그대로 10분간 휴지시킵니다. 닭 위에 허브와 레몬즙을 뿌립니다. 닭과 빵을 먹기 좋은 크기로 자른 후 접시에 놓고, 팬에 남은 소스를 닭 위에 부어 냅니다.

다양한 옵션

소금으로 간한 파프리카와 다진 마늘을 넣어도 되고 빵 대신 얇게 썬 감자를 이용해도 됩니다.

Salmon with Cabbage and Kale

양배추와 케일을 넣은 연어

조리 시간 10분 / 총 소요 시간 25분

녹색 잎채소를 구워 먹는 것이 익숙하지 않을 수도 있어요. 높은 열을 가하면 잎채소의 풍미가 더욱 강해집니다. 연어를 잎채소와 함께 굽고 레몬 맛의 비네그레트로 완성하세요. **4인분**

토스카나 케일 1다발
    : 줄기와 대는 제거하고 이파리만 잘게 잘라주세요.
사보이 양배추 ½통 : 가운데 부분을 제거하고 자르세요.
올리브유 ¼컵과 2큰술
굵은소금과 후추

껍질을 제거한 연어 살 4조각 (각 170g)
곱게 간 레몬 제스트 1작은술과 신선한 레몬즙 2큰술
다진 신선한 딜 ¼컵
디종 머스터드 1작은술

1. 오븐을 232℃로 예열합니다. 베이킹 팬에 오일 2큰술과 케일, 양배추를 넣어 버무리고 소금, 후추로 밑간한 후 평평하게 펼친 상태로 6분 동안 구워주세요.

2. 잘 섞어준 후 연어는 소금과 후추로 밑간하고 잎채소 중간에 놓습니다. 연어가 다 익을 때까지 10분 동안 구워주세요.

3. 그동안 레몬 제스트와 레몬즙, 딜, 머스터드, 남은 오일 ¼컵을 잘 섞어줍니다. 소금과 후추로 간하고, 연어와 채소 위에 드레싱을 뿌려 냅니다.

로스팅 팬 & 베이킹 접시

Provençal Vegetable Tian

프로방스 채소 티앙

조리 시간 20분 / 총 소요 시간 1시간 25분

여름 텃밭에서 자란 최고급 채소의 향연이라고 할 수 있는 이 요리는 고기 없이도 훌륭한 주요리가 될 수 있습니다. 채소를 얇게 썰어 쌓으면 익으면서 그 맛이 자연스럽게 섞입니다. 바삭한 빵을 꼭 곁들이세요. **8인분**

엑스트라 버진 올리브유 6큰술

큰 리크 1대 : (흰색과 연두색 부분만 사용) 얇게 썰고 잘 헹구어주세요.

유콘 골드 감자 1개 : 0.5cm 두께로 썰어주세요.

굵은소금과 후추

작은 가지 1개 : 0.5cm 두께로 썰어주세요.

주키니 호박 1개 (225g) : 0.5cm 두께로 썰어주세요.

큰 토마토 3개 : 0.5cm 두께로 썰어주세요.

칼라마타류의 소금물에 절인 블랙 올리브 ¼컵 : 큼직하게 다져주세요.

다진 타임 2작은술과 3가지

1. 오븐을 232℃로 예열하고 오일 1큰술을 22cm×33cm 사이즈 베이킹 팬에 뿌립니다. 준비한 리크 슬라이스 분량의 반을 팬에 깔고 토마토 분량의 반을 그 위에 깐 후 소금 ½작은술과 후추 한 꼬집으로 밑간합니다.

2. 가지 ½개와 주키니 호박 ½개, 그리고 토마토 ½개를 차례로 깔아주고 소금 ½작은술과 후추 한 꼬집으로 간해주세요. 올리브 분량의 반과 타임 분량의 반을 뿌립니다. 오일 2큰술을 뿌리고 남은 채소를 동일한 순서로 깔아 올리고 간을 합니다.

3. 남은 오일 3큰술을 뿌리고 타임 줄기를 넣은 후 쿠킹 호일로 느슨하게 덮어주세요.

4. 20분 동안 구운 후 호일을 벗깁니다. 뒤집개로 채소를 눌러주고 감자가 부드러워지고 가장자리가 캐러멜화될 때까지 45분 동안 더 구워줍니다. 테이블에 내기 전에 10분 동안 식히면 완성입니다.

Roast Beef with Acorn Squash

도토리 호박을 곁들인 로스트 비프

조리 시간 15분 / 총 소요 시간 1시간 15분

소고기 안심을 콤파운드 (또는 맛이 가미된) 버터로 코팅하는 요리는 고기, 생선, 채소를 불문하고 언제나 통하는 비법입니다. 연휴나 일요일 저녁 메뉴로 기억해두세요. **6~8인분**

소고기 안심 1.6kg : 조리용 실로 5cm 간격으로 묶어줍니다.
굵은소금과 후추
무염 버터 4큰술 : 실온에 둡니다.
홀 그레인 머스터드 3큰술
디종 머스터드 1큰술

작은 도토리 호박 2개
  : 씨를 빼고 2.5cm 크기의 웨지 모양으로 썰어주세요.
프리제 양상추 1통 (약 3컵) : 찢어서 준비합니다.
신선한 이탈리안 파슬리 ½컵
셰리 비니거 1큰술
엑스트라 버진 올리브유 2큰술

1. 오븐을 218℃로 예열합니다. 소고기는 상온에 1시간 동안 꺼내놓고 표면을 두드려 말린 후 소금과 후추로 밑간합니다. 버터와 두 종류의 머스터드 3큰술을 섞어 안심에 펴 발라주세요.

2. 베이킹 팬에 고기를 올립니다. 도토리 호박을 고기 주위에 놓고 남은 버터 1큰술을 바른 후 소금, 후추로 간합니다. 소고기 중간에 넣은 온도계가 54℃(미디엄 레어) 또는 60℃(미디엄)가 될 때까지 30~40분 동안 굽고 호박은 중간에 한 번 뒤집어줍니다.

3. 고기는 썰기 전에 15분간 휴지시킵니다. 프리제, 파슬리, 호박을 비니거와 오일에 버무리고 소금과 후추로 간을 해주세요. 채소와 호박을 안심과 함께 냅니다.

One Pot, Four Ways
Roast Chicken

네 가지 방식의 원 팟 요리 : 로스트 치킨

조리 시간 15분 / 총 소요 시간 1시간 10분

로스트 치킨은 그 자체로도 충분히 훌륭하기 때문에 정통 레시피를 고집할 수도 있습니다. 하지만 시즈닝과 채소의 종류를 바꿔서 색다른 맛을 내는 것이 얼마나 쉬운 일인지 배울 기회가 없어지겠죠?

4인분

허브 버터 로스트 치킨

닭 1마리 (약 1.8kg)

러셋 감자 795g : 세로로 2.5cm 크기의 웨지 모양으로 썰어주세요.

엑스트라 버진 올리브유 1큰술

레몬 2개

무염 버터 1½큰술 : 상온에 둡니다.

다진 이탈리안 파슬리 1큰술

다진 딜 1큰술

굵은소금

1. 오븐을 218℃로 예열합니다. 레몬은 제스트를 만들고 두 개 모두 4등분 해주세요. 제스트를 버터, 파슬리, 딜, 소금 2작은술과 섞고 이렇게 만든 버터를 닭 껍질 아래에 문지릅니다. 다리를 묶고 날개 끝은 몸통 뒤에 밀어 넣고 베이킹 팬 위에 놓습니다.

2. 감자는 오일에 버무리고 소금으로 밑간합니다. 감자를 닭 주위에 놓고 20분 동안 구워주세요.

3. 감자를 뒤집고 4등분 한 레몬을 팬에 놓습니다. 허벅지 살이 가장 두꺼운 부분에 온도계를 꽂았을 때 73℃가 될 때까지 30분 동안 구워줍니다. 닭을 썰어 내기 전에 10분간 휴지시킵니다. 감자는 다시 오븐에 넣어 노릇해질 때까지 10분 동안 구워주세요.

모든 것은 타이밍

닭을 굽기 전에 실온에 약 1시간 정도 꺼내두고 닭을 오븐에서 꺼낸 후에는 휴지시키는 시간을 꼭 가지세요. 휴지시키는 10분이 닭 안에 있는 육즙이 골고루 퍼지게 하고 촉촉하고 부드러운 육질을 완성합니다.

파프리카와 구운 마늘을 넣은 로스트 치킨

- 1단계에서 닭에 **올리브유** 1큰술을 발라줍니다. 허브 버터 대신에 **파프리카 가루** 1큰술, 말린 **오레가노** ½작은술, 굵은소금 1큰술을 섞은 양념을 만들어 닭 전체에 발라주세요.

- 2단계에서 감자 대신 5cm 길이로 자른 큰 **당근** 2개와 2cm 크기의 웨지 모양으로 자른 중간 크기의 **고구마** 2개를 넣어줍니다.

- 3단계에서 레몬을 가로로 반을 자르고 **올리브유** 1큰술에 버무린 **마늘** 1톨로 대체합니다. 필요하면 쿠킹 호일을 씌워 지나치게 구워지는 것을 방지합니다. 팬에 남은 소스를 발라서 냅니다.

쪽파, 생강, 라임을 넣은 로스트 치킨

- 1단계에서 허브 버터를 페이스트로 대체합니다. 푸드 프로세서에 **식물성 식용유** 3큰술, 다진 **쪽파** 8대, 껍질을 벗기고 다진 신선한 **생강** ¼컵, 마늘 4쪽, 라임 제스트 1작은술, 굵은소금 1큰술을 넣고 섞어주세요. 이렇게 만든 페이스트 반을 껍질 안쪽에 바릅니다.

- 2단계에서 감자 대신에 7.5cm 크기로 썬 **파스닙**을 넣어줍니다

- 3단계에서 레몬을 반으로 자르고 **식물성 식용유** 1큰술에 버무린 **브뤼셀 스프라우트** 340g 으로 대체하고 **소금**과 **후추**로 간합니다. 남은 페이스트와 함께 냅니다.

레몬과 파슬리를 넣은 로스트 치킨

- 1단계에서 허브 버터를 빼고 닭은 소금으로 밑간합니다. 다진 **이탈리안 파슬리** ⅓컵, 엑스트라 버진 **올리브유** ½컵, 레몬 ½개 분량의 제스트와 즙, 간 **파르지미아노 레지아노 치즈** ½컵, **굵은소금** ½작은술을 섞어 줍니다.

- 2단계에서 러셋 감자는 잘 씻어 반으로 자른 **뉴 포테이토** 455g으로 대체합니다

- 3단계에서 레몬은 손질한 **아스파라거스** 1단을 **올리브유** 1큰술과 **소금**, **후추**로 버무려 대체합니다. 닭을 휴지시킨 후 팬에 남은 소스를 닭과 채소 위에 숟가락으로 떠 올려 냅니다.

허브 버터 로스트 치킨
142쪽

파프리카와 구운 마늘을 넣은 로스트 치킨
143쪽

쪽파, 생강, 라임을 넣은 로스트 치킨
143쪽

레몬과 파슬리를 넣은
로스트 치킨
143쪽

Spiced Cod with Couscous

향신료로 양념해 쿠스쿠스를 곁들인 대구 구이

조리 시간 15분 / 총 소요 시간 35분

일단 한번 만들면 저녁 테이블에 자주 올라오는 단골 메뉴가 될 거예요. 조리 방법이 이보다 더 쉬울 수 없답니다. 대구 살을 쿠스쿠스 위에 바로 올려서 구우세요. 맛은 또 얼마나 좋은지요! **4인분**

껍질을 제거한 대구 살 4조각 (각 170g)
고수 가루 1작은술
파프리카 가루 ½작은술
큐민 가루 ½작은술
굵은소금과 후추
물 1¼컵
당근 225g : 길게 4등분 해서 어슷썰기 합니다.

쿠스쿠스 1컵
아몬드 슬라이스 ½컵
건포도 ½컵
다진 신선한 민트 ¼컵 + 고명용 한두 가지
올리브유 1큰술
고명용 레몬 웨지

1. 오븐을 232℃로 예열합니다. 고수, 파프리카, 큐민, 소금 ½작은술, 후추 ¼작은술을 섞어줍니다. 22cm×33cm 크기의 베이킹 팬에 물, 당근, 쿠스쿠스, 아몬드, 건포도, 민트, 오일, 소금 ½작은술, 후추 ¼작은술을 섞어줍니다.

2. 대구를 쿠스쿠스 위에 올리고 섞은 향신료로 양념해주세요. 쿠킹 호일로 팬을 덮고 생선이 불투명해질 때까지 20분 동안 굽습니다.

3. 포크를 사용해 쿠스쿠스를 버무립니다. 쿠스쿠스와 대구를 접시에 옮기고 위에 민트를 올린 후, 레몬 웨지와 함께 내면 완성입니다.

생선을 응원합니다

쓰임이 다양하고 부드러운 대구는 대부분의 향신료와 잘 어울립니다. 대구 대신 연어를 사용해도 자연스러운 조화를 이룹니다.

로스팅 팬 & 베이킹 접시

Sausage with Acorn Squash and Onions

도토리 호박과 양파를 곁들인 소시지

조리 시간 10분 / 총 소요 시간 30분

영국에는 소시지와 감자를 같이 먹는 '뱅어 앤 매시'가 있지요. 그래서 소시지와 호박을 같이 요리해 보았습니다. 쏘는 맛이 강한 치즈를 뿌려주면 호박과 말린 체리가 가진 자연스런 단맛과 대조를 이룹니다. **4인분**

큰 도토리 호박 1개 : 반을 잘라 씨를 빼고 1.5cm 두께로 썰어주세요.

붉은 양파 1개 : 1.5cm 두께의 웨지 모양으로 썰어주세요.

올리브유 3큰술

굵은소금과 후추

맵거나 단맛이 강한 이탈리안 소시지 2개 (총 340g)

간 아시아고 치즈 56g

다진 세이지 이파리 1큰술

말린 체리 ¼컵 : 다져주세요.

1. 오븐을 246℃로 예열합니다. 베이킹 팬에 호박과 양파를 오일에 버무려 한 겹으로 펼치고 소금과 후추로 밑간해주세요.

2. 소시지를 넣고 채소가 익을 때까지 15분 동안 구워줍니다.

3. 상단 열선과 20cm 떨어진 위치에 선반을 놓고 브로일러를 예열합니다. 아시아고 치즈와 세이지를 채소 위에 뿌린 후, 치즈에 색이 나고 소시지가 다 익을 때까지 3분 동안 굽습니다. 체리를 위에 뿌려 냅니다.

도토리 호박

부드럽고 견과류 맛이 나는 도토리 호박은 가을과 초겨울에 많이 납니다. 비슷한 류의 호박과는 달리 껍질도 먹을 수 있기 때문에 껍질을 벗길 필요가 없어요. 호박을 가로로 자르고 얇게 썰면 예쁜 꽃잎 모양을 살릴 수 있습니다.

Mexican-Style Lasagna

멕시칸식 라자냐

조리 시간 20분 / 총 소요 시간 1시간 20분

라자냐 파스타 대신에 옥수수 토르티야를, 토마토 소스 대신에 살사 소스와 콩, 신선한 시금치를 넣은 이 요리는 그야말로 건강식입니다. 저녁 테이블에 내놓은 당신을 자랑스럽게 만들어주고 함께하는 사람들이 모두 즐거워하는 메뉴가 될 거예요. **4인분**

신선한 고수 이파리 1컵

굵게 다진 쪽파 4대

굵은소금과 후추

어린 시금치 280g

옥수수 토르티야 8장 (지름 15cm)

핀토빈스 1캔 (440g) : 헹구고 물기를 빼주세요.

시판용 살사(마일드) 1컵

페퍼 잭 치즈 225g : 갈아서 준비하세요.

식물성 식용유 스프레이

1. 오븐을 218℃로 예열합니다. 푸드 프로세서에 고수, 파, 소금 1작은술, 후추 ¼작은술, 시금치를 넣고 갈아주세요. 푸드 프로세서에 들어갈 수 있는 최대한 많은 양의 시금치를 넣고 남은 시금치는 계속 나누어 굵게 갈아줍니다.

2. 20cm 사각형 베이킹 접시에 스프레이 오일을 뿌립니다. 토르티야 4장을 그릇 바닥에 조금씩 겹치게 갈아줍니다. 콩, 살사, 시금치 믹스, 페퍼 잭 치즈 분량의 반을 한 겹씩 깔고 남은 재료로 반복합니다. 토르티야를 먼저 깔고 가볍게 눌러주면서 마지막에는 치즈가 놓이도록 깔아줍니다.

3. 그릇을 호일로 덮고 베이킹 팬 위에 올립니다. 표면이 끓어오를 때까지 30분 동안 굽고 호일을 벗긴 뒤 색이 날 때까지 20분 더 구워주세요. 테이블에 내기 전에 10분간 휴지시킵니다.

미리 만들기

이 요리는 호일을 씌우고 내장하면 하루 전에 준비할 수 있어요. 호일을 그대로 두고 레시피에 따라 오븐에 넣어 구워줍니다. 처음 구울 때 10분 더 구우면 됩니다.

  로스팅 팬 & 베이킹 접시

Tuscan Pork Roast

토스카나식 포크 로스트

조리 시간 20분 / 총 소요 시간 1시간 45분

간단한 향신료 믹스이지만 뼈 없는 돼지고기 안심 스테이크의 마지막 한 입을 즐길 때까지 그 진한 향을 느낄 수 있습니다. 조리용 온도계를 사용해 고기를 너무 익히지 않도록 합니다. 남은 돼지고기로는 훌륭한 샌드위치를 만들 수도 있답니다. **6인분**

뼈를 제거한 돼지고기 안심 1.4kg : 실로 묶어주세요.

굵은소금과 통후추

펜넬 씨 2작은술

고수 씨 2작은술

후추 1작은술

엑스트라 버진 올리브유

큰 펜넬 2통 : 반으로 잘라 가운데 부분을 제거하고 1.5cm 크기 웨지 모양으로 자릅니다.

마늘 4쪽

이탈리안 체리 페퍼류의 너무 맵지 않은 고추 8개 : 반으로 자르거나 통째로 씁니다.

올리브 믹스 1컵

1. 오븐을 218℃로 예열합니다. 돼지고기를 상온에 30분 동안 두고 고기를 소금 1작은술로 문지릅니다. 펜넬 씨와 통후추를 그라인더를 이용해 굵게 갈거나, 절구에 빻은 후 고기 전체에 문질러주세요.

2. 고기에 오일을 발라 넉넉히 코팅합니다. 베이킹 팬에 놓고 지글거릴 때까지 15분 동안 굽습니다.

3. 오븐 온도를 190℃로 줄입니다. 펜넬, 마늘, 고추를 오일에 버무려 코팅하고 소금과 후추로 간하세요. 돼지고기를 오븐에서 꺼내고, 채소를 베이킹 팬에 한 겹으로 펼칩니다.

4. 흘러나온 육즙을 끼얹어주면서 고기 가운데 온도가 62℃가 되고, 채소가 노릇하고 부드럽게 익을 때까지 30분 더 구워줍니다. 올리브를 넣고 뜨거워질 때까지 5분가량 굽습니다.

5. 고기를 꺼내고 15분 동안 휴지시킨 후 썰어주세요. 펜넬, 고추, 올리브를 넣고 버무려 고기와 함께 냅니다.

Stuffed Tomatoes
속을 채운 토마토 요리

조리 시간 15분 / 총 소요 시간 55분

참치와 흰콩을 버무려 토마토 안을 채운 이 요리는 치즈와 빵가루를 토핑으로 올려 오븐에 구우면 거부할 수 없는 요리로 탄생합니다. 과일 화채 스푼을 사용하면 토마토 씨를 완벽하게 제거할 수 있어요. **6인분**

신선한 빵가루 1컵

간 파르미지아노 레지아노 치즈 ½컵

올리브유 1큰술

굵은소금과 후추

중간 크기 토마토 6개

화이트빈 1캔 (440g) : 물기를 버리고 헹굽니다.

다진 마늘 1작은술

디종 머스터드 2작은술

곱게 간 레몬 제스트 2작은술과 레몬즙 1큰술

오일에 든 참치 1캔 : 물기를 버리고 결을 따라 찢어주세요.

1. 오븐을 218℃로 예열합니다. 볼에 빵가루 ½컵과 파르미지아노 레지아노 치즈 ¼컵, 오일을 섞고 소금과 후추로 간을 해주세요.

2. 토마토 윗부분을 제거하고 가운데 부분과 씨를 발라낸 후 소금과 후추로 간합니다. 파낸 토마토 가운데 부분을 다지고 ¼컵만 남기고 나머지는 버리세요.

3. 볼에 콩 분량의 반을 살짝 으깨고 다진 토마토, 남은 빵가루 ½컵, 파르미지아노 레지아노 ¼컵, 마늘, 머스터드, 레몬 제스트와 즙을 섞어줍니다. 여기에 참치와 남은 콩을 넣고 소금과 후추로 간합니다.

4. 속을 파낸 토마토를 베이킹 접시에 옮기고 참치와 섞은 재료를 일정하게 나누어 윗부분에 살짝 올라오게 담아주세요. 그 위에 빵가루와 섞은 치즈를 올립니다.

5. 쿠킹 호일로 느슨하게 덮고 살짝 익을 때까지 30분 동안 구워줍니다. 호일을 벗기고 위에 올린 빵가루가 노릇해질 때까지 10분 동안 구운 후 바로 테이블에 냅니다.

참치

이 책에 포함된 대부분의 레시피에서는 오일에 든 담백한 참치를 사용합니다. 한 입 맛보면 그 이유를 이해할 거예요. 물 안에 든 참치보다 살이 더 촉촉하고 맛도 풍부합니다. 참치에 든 오일은 풍미를 깊게 하고 재료를 뭉치게 하는 역할을 하기도 합니다.

  로스팅 팬 & 베이킹 접시

Pork with Parsnips and Sweet Potatoes

파스닙과 고구마를 곁들인 돼지고기 요리

조리 시간 20분 / 총 소요 시간 45분

돼지 안심은 조리 시간도 짧고 여러 재료와 잘 어울립니다. 이 레시피에는 황설탕과 카이엔 페퍼로 코팅하고 생강 맛을 입힌 채소를 맵싸한 잎채소와 함께 냅니다. **4인분**

돼지고기 안심 455g : 여분의 지방과 힘줄을 제거해주세요.

굵은소금

워터크레스 1다발 : 손질해서 준비합니다.

큰 고구마 1개 : 껍질을 벗기고 반으로 잘라 1.5cm 두께로 썰어주세요.

큰 파스닙 3개 : 반으로 잘라 5cm 크기로 썰어주세요.

다진 생강 1큰술

올리브유 3큰술 + 마지막에 같이 낼 여분

황설탕 2큰술

카이엔 페퍼 ¼작은술

고명용 라임 웨지

1. 오븐을 246℃로 예열합니다. 베이킹 팬에 고구마, 파스닙, 생강을 오일에 버무리고 한 겹으로 펼친 후, 황설탕과 카이엔 페퍼를 섞어 돼지고기에 바른 후 팬에 올립니다.

2. 고기와 채소는 소금으로 밑간하고 고기 중앙에 꽂은 온도계가 62℃가 될 때까지 20분간 구워주세요. 고기는 10분 동안 휴지시킵니다.

3. 채소는 워터크레스와 섞고 오일을 뿌린 후 소금으로 간해줍니다. 고기를 썰고 팬에 남은 소스와, 샐러드, 라임 웨지와 함께 내면 완성입니다.

파스닙

이 옅은 색의 겨울 채소는 당근과 비슷하게 생겼습니다. 그도 그럴 것이 당근과는 사촌입니다. 단맛과 견과류 맛이 나며 칼로리는 낮고 섬유질은 풍부한 이 채소는 생야채(크루디티) 플래터에서 쓰는 것과 달리 익혀 먹어야 최상의 맛을 낼 수 있어요.

Roasted Tilefish with Potatoes and Capers

감자와 케이퍼를 함께 구운 옥돔

조리 시간 15분 / 총 소요 시간 55분

이 요리는 튀기지 않은 '피시 앤 칩스'라고 부를 수 있겠네요. 준비 과정은 감자를 얇게 썰기 정도가 전부이지만 채칼이나 다른 슬라이서를 사용하면 그것 마저도 금방 끝낼 수 있답니다. **4인분**

유콘 골드 감자 910g : 껍질을 벗겨 준비합니다.

녹인 무염 버터 5큰술 + 팬에 바를 여분

굵은소금과 후추

마늘 2쪽 : 다져주세요.

케이퍼 4큰술 : 헹구고 물기를 빼주세요.

껍질을 제거한 옥돔 살 또는 흰 살 생선 2조각 (각 340g) : 비스듬히 반으로 자릅니다.

다진 이탈리안 파슬리 ¼컵

1. 오븐을 232℃로 예열합니다. 감자는 채칼이나 슬라이서를 사용해 0.1cm 두께로 아주 얇게 썰어주세요.

2. 버터를 바른 22cm×33cm 크기의 베이킹 접시에 감자 분량의 ⅓ 정도를 살짝 포개지도록 깔아줍니다. 녹인 버터를 바르고 소금과 후추로 간한 후, 마늘의 ⅓ 분량과 케이퍼의 ½ 분량을 위에 뿌립니다. 반복해서 한 층 더 올려주세요. 남은 감자를 올리고 녹인 버터를 바른 후 소금과 후추로 양념합니다.

3. 쿠킹 호일로 덮고 감자가 색이 날 때까지 20분 동안 굽습니다. 호일을 벗기고 감자 가장자리가 엷은 황금색이 날 때까지 10분 정도 더 구워줍니다.

4. 그동안 남은 마늘과 녹인 버터를 그릇에 섞어주세요. 옥돔을 담갔다 꺼내고 소금, 후추로 간한 후 감자 위에 놓습니다. 옥돔이 다 익을 때까지 10분가량 굽고 테이블에 내기 전에 파슬리를 뿌립니다.

Chicken with Tomatoes, Olives, and Feta

토마토, 올리브와 함께 구워 페타 치즈를 올린 치킨

조리 시간 10분 / 총 소요 시간 1시간

오늘 저녁에는 햇볕이 쏟아지는 지중해 해안으로 여행을 떠나볼까요? 토마토, 올리브, 올리브유, 신선한 허브는 지중해 건강식의 특징입니다. **4인분**

뼈가 있는 닭 허벅지 살 8개 (약 1.2kg)

엑스트라 버진 올리브유 3큰술

방울토마토 2컵 : 길게 반으로 잘라주세요.

씨를 뺀 스페인 올리브 ½컵

중간 크기의 샬롯 6개 : 길게 반으로 잘라주세요.

타임 3줄기

굵은소금과 후추

부순 페타 치즈와 신선한 민트 : 마지막에 같이 냅니다.

1. 오븐을 190℃로 예열합니다. 닭, 올리브유, 방울토마토, 올리브, 샬롯, 타임을 볼에 섞고 소금과 후추를 넣어 버무립니다.

2. 로스팅 팬에 옮기고 닭의 껍질 부분이 위로 가도록 재료를 한 겹으로 펼칩니다. 닭고기의 가장 두꺼운 부분에 온도계를 넣었을 때 73℃가 될 때까지 (뼈에 닿지 않도록 유의하세요.) 40분 동안 구워줍니다.

3. 닭을 접시에 옮기고 쿠킹 호일을 씌웁니다. 채소는 다시 오븐에 넣고 노릇해질 때까지 10분 동안 굽습니다. 채소를 (흘러나온 즙과 함께) 닭이 있는 접시에 옮기고 소금, 후추로 간합니다. 페타 치즈와 민트를 위에 올려 내면 완성입니다.

Rib Eye with Root Vegetables

뿌리채소와 함께 구운 꽃등심

조리 시간 10분 / 총 소요 시간 25분

인상적인 저녁 식사를 준비하고 싶다면 꽃등심을 고려해보세요. 가격이 좀 나가긴 하지만 레스토랑에서 먹는 것에 비하면 훨씬 저렴한 가격에 가능하니까요. 약간의 홀스래디시 버터만 있으면 완성입니다. **4~6인분**

꽃등심 2조각 (각 455g) : 여분의 지방은 손질하고 3cm 두께로 썰어주세요.

굵은소금과 후추

큰 셀러리액 1개 : 껍질을 벗기고 반으로 자른 후 0.5cm 두께로 잘라주세요.

큰 당근 2개 : 얇게 썰어주세요.

엑스트라 버진 올리브유 1큰술

무염 버터 1큰술 : 실온에 둡니다.

홀스래디시 2작은술

디종 머스터드 1작은술

신선한 차이브 ¼컵

1. 상단 열선에서 20cm 떨어진 위치에 선반을 놓고 브로일러를 예열합니다. 베이킹 팬에 셀러리액과 당근을 올리브유에 버무리고 평평하게 펼치세요.

2. 스테이크 고기는 두드려 물기를 제거하고 팬에 올린 후 채소와 고기를 소금과 후추로 밑간합니다. 채소가 익고 고기가 색이 날 때까지 중간에 한 번 뒤집으면서 10분 동안 구워줍니다. 고기는 쿠킹 호일을 덮어 10분 동안 휴지시키세요.

3. 그동안 버터, 홀스래디시, 머스터드를 섞고 소금과 후추로 간하고 스테이크 위에 발라줍니다. 차이브를 뿌려 냅니다.

로스팅 팬 & 베이킹 접시

로스팅 팬 & 베이킹 접시

Mustard Salmon with Cabbage and Potatoes

양배추, 감자와 함께 구워 머스터드를 올린 연어

조리 시간 10분 / 총 소요 시간 50분

세상에는 쉬운 요리가 있고 '정말' 쉬운 요리가 있어요. 후자에 속하는 이 요리는 질 좋은 재료 몇 가지와 최소한의 준비 시간만 있으면 됩니다. 여기서 아끼지 않은 것이라고는 맛밖에 없어요. **4인분**

껍질을 제거한 연어 살 455g

작은 크기의 양배추 반 개 : 잘게 썰어주세요.

뉴 포테이토 12개 : 씻어 반으로 자릅니다.

엑스트라 버진 올리브유

굵은소금과 후추

홀 그레인 머스터드 1큰술

시판용 홀스래디시 1큰술

레몬 제스트와 레몬즙 (1개 분량)

1. 오븐을 204℃로 예열하고 로스팅 팬에 양배추와 감자를 오일에 버무려 소금과 후추로 간해주세요. 25분 동안 구워줍니다.

2. 볼에 머스터드, 홀스래디시, 레몬 제스트를 섞은 후 연어에 발라줍니다. 팬에 있는 감자와 양배추를 가장자리로 밀고 가운데 연어를 놓은 후 15분 동안 굽습니다. 레몬즙을 고루 뿌리면 완성입니다.

Pressure Cooker

압력솥

압력솥은 조리 시간을 줄여주고 예전에 비해 사용법도 훨씬 쉬워졌습니다. 이 조리 도구 하나가 당신의 인생을 바꿀 수도 있고 그렇지 않다면 적어도 저녁 시간 일정은 바꿀 수 있을 거예요. 몇 분 안에 완성되는 리소토를 테이블에 내거나 바쁜 주중 저녁 메뉴로 비프 스튜를 먹을 수도 있지요.

기본 사항

압력솥은 밀폐되는 뚜껑이 있는 냄비입니다. 냄비 안에 있는 액체를 끓이면 스팀이 배출되지 않기 때문에 냄비 안의 압력이 올라가고, 액체의 온도가 상승해서 일반 끓는 물보다 뜨거워집니다. 온도가 상승한 상태에서 요리는 보통 필요한 시간의 약 ⅓ 정도면 완성됩니다. 압력솥은 고기, 콩, 푸짐한 곡물, 뿌리채소와 같이 조리 시간이 긴 음식을 요리하기에 가장 좋은 도구입니다.

압력솥 뚜껑이 터졌다는 이야기에 겁먹을 필요는 없어요. 이전 빈티지 모델들과 달리 최신 모델은 안전 장치가 추가되어 압력이 완전히 빠지지 않으면 뚜껑이 열리지 않도록 설계되어 있답니다.

레인지용과 전기용 압력솥이 있는데 레인지 버전을 사용할 때는 보통 뚜껑을 잠근 솥을 중-강 불에 올려 압력을 빨리 높입니다. 압력을 유지하기 위해서 불을 줄여야 할 때를 알려주기 때문에 솥 옆에서 잘 지켜봐야 합니다. 전기 모델의 경우 자동으로 조절합니다. 조리 시간이 다 되면 본인이 가지고 있는 제품에 따라 적절한 방식으로 압력을 빼주면 됩니다.

조리 팁

• 모든 압력솥이 같은 것은 아닙니다. 본인이 가지고 있는 제품의 설명서를 읽고 조리 및 압력 배출하기에 대한 지시 사항을 따르세요.

• 압력솥이 스팀을 만들려면 액체가 필수입니다. 꼭 물이 아니라 와인이나 육수도 괜찮습니다. 하지만 솥은 ⅔ 이상 채우지 않아야 합니다. 압력이 올라가려면 어느 정도의 공간이 필요합니다.

• 음식이 고루 익도록 일정한 크기의 재료를 준비합니다.

• 레인지용 압력솥을 사용하는 경우 뚜껑을 닫기 전에 재료에 색을 내거나 볶는 것이 가능한데 이는 맛을 풍성하게 하는 비법입니다. 또한 압력을 배출하고 난 뒤 솥을 다시 레인지에 가열할 수 있습니다. 이때 해산물이나 녹색 채소처럼 조금 더 섬세한 재료를 섞을 수 있

지요. 이런 재료는 처음부터 압력솥 안에 넣으면 너무 익어버립니다.

• 음식이 지나치게 익을 수 있기 때문에 레시피를 주의 깊게 따라하세요. 조리 시간은 압력이 올라간 후에 시작합니다.

• 많은 모델이 압력솥 안에 쓸 수 있는 선반이나 바구니와 함께 나옵니다. 이 경우 재료를 따로 요리할 수 있습니다. 예를 들어 스튜를 요리하면서 사이드로 먹을 채소를 같이 요리할 수 있지요.

레인지용 또는 전기용

이 책에서는 레인지용을 선호합니다. 솥은 결국 소스 팬이기 때문에 재료를 볶거나 색이 나게 구워 맛의 기본을 만들기가 쉽지요. 전기 모델도 일부 '브라우닝' 모드가 있지만 열이 덜 뜨거워서 효과가 제한적일 수 있습니다. 전기용은 불 조절이 자동으로 되기 때문에 지켜볼 필요가 없지만 동시에 요리하는 사람이 통제할 수 있는 부분이 적다는 뜻이기도 합니다.

압력의 정도

압력솥은 몇 가지 종류의 압력 센서로 만들어졌습니다. 작동 방식은 다르지만 모두 효과적입니다. 중요한 것은 센서의 최대 압력이 15PSI(약 103KPA) 정도가 되어야 합니다. 이 정도의 고압 설정이 불가능하면 조리 시간이 길어지고 요리가 제대로 만들어질 수 없습니다.

크기에 대하여

압력솥은 ⅔ 이상 채우면 안 되기 때문에 크기가 큰 모델에 투자하는 것이 좋습니다. 6~8ℓ 크기는 4~8인분 요리에 적합합니다.

재질의 중요성

레인지용 모델의 경우 기본 선택지는 알루미늄과 스테인리스 스틸 두 가지입니다. 전자는 열전도율이 높고 덜 비싸지만 조잡할 수 있어요. 게다가 금속은 산도 있는 음식에 반응합니다. 후자는 값은 더 나가지만 견고하고 내구성이 좋으니 참고하세요.

Beef Short Ribs with Potato-Carrot Mash

으깬 감자와 당근을 곁들인 갈비

조리 시간 30분 / 총 소요 시간 1시간 30분

식당에 가서 먹었던 갈비를 집에서도 맛보세요. 압력솥을 사용하면 오후 내내 옆에서 지켜보면서 요리하지 않아도 됩니다. 고전적인 매쉬 포테이토에 당근을 넣으면 단맛이 깊어진답니다. **6인분**

중력 밀가루 ½컵

소고기 갈비 6대 (약 1.4kg) : 약 10cm 길이로 준비하세요.

굵은소금과 후추

무염 버터 3큰술

작은 양파 1개 : 곱게 다져주세요.

마늘 2쪽 : 곱게 다져주세요.

다진 타임 이파리 1큰술

카베르네 쇼비뇽 또는 메를로 와인류의 드라이한 레드 와인 ¾컵

물 ¼컵

러셋 감자 2개 : 껍질을 벗기고 5cm 크기로 썰어주세요.

중간 크기의 당근 4개 : 5cm 크기로 썰어주세요.

1. 얕은 접시에 밀가루를 펼칩니다. 고기는 소금과 후추로 밑간하고 밀가루 옷을 입혀 가루를 털어주세요.

2. 6ℓ 압력솥을 중-강 불에 올리고 버터 1큰술을 녹입니다. 고기의 분량을 나누어 모든 면이 색이 날 때까지 8분 동안 구운 후 접시에 옮깁니다.

3. 양파, 마늘, 타임을 압력솥에 넣고 부드러워질 때까지 4분가량 볶아줍니다. 와인과 물을 넣고 나무 스푼으로 솥 안을 긁어주고 저어주면서 1분 동안 끓이세요.

4. 고기를 압력솥에 넣고 스팀용 바구니에 감자와 당근을 넣고 고기 위에 올립니다.

5. 뚜껑을 잘 닫고 중-강 불에 올립니다. 압력을 끌어올린 후 불을 줄여 압력을 유지한 채 고기가 익을 때까지 50분 동안 끓여주세요.

6. 불에서 내리고 김을 뺀 후 뚜껑을 엽니다. 채소는 볼에 넣고 남은 버터 2큰술을 넣어 으깨준 후 소금, 후추로 간하세요. 갈비를 으깬 감자, 당근과 함께 조리 중에 나온 국물을 뿌려 냅니다.

갈비에 대하여

이 레시피는 영국식(뼈 사이의 살을 써는 방식)으로 썬 갈비를 사용합니다. 유대식으로 썬 갈비는 뼈를 포함해 자릅니다. 따라서 고기 덩어리마다 짧은 뼈의 단면을 볼 수 있어요. 뼈가 없는 갈비는 이름 그대로 뼈에서 분리한 살을 말합니다. (이 부위를 사용한 레시피는 191쪽 참고하세요.)

국물 한 방울도 남기지 마세요

이 요리는 껍질이 딱딱한 빵과 함께 내거나 폴렌타(옥수숫가루 등 곡물 가루를 100℃까지 데워진 물에 넣고 끓여 만드는 죽 형태의 이탈리아 요리) 위에 올려 먹으면 아주 좋아요. 튜브 포장에 담긴 폴렌타는 식품점에서 구입할 수 있는데 미리 구비해두면 편리합니다. 알맞게 자르고 데워서 식탁에 냅니다.

Chicken Cacciatore

치킨 카치아토레

조리 시간 25분 / 총 소요 시간 35분

이탈리아 시골이든 미국의 가정 주방이든 상관없이 토마토, 고추, 버섯이 들어간 '사냥꾼 스타일' 닭 요리는 늘 만족스럽지요. **4인분**

뼈가 있는 닭 허벅지 살 8조각 (약 1.2kg)

굵은소금과 후추

올리브유 2큰술

양송이버섯 340g : 4등분 합니다.

마늘 4쪽 : 다져주세요.

다진 로즈마리 2작은술

레드 페퍼 플레이크 ½작은술

작은 붉은 피망 1개 : 길게 썰어주세요.

중간 크기의 양파 1개 : 얇게 썰어주세요.

쇼비뇽 블랑 또는 피노 그리지오류의 드라이한 화이트 와인 ¼컵

다이스 토마토 1캔 (410g)

껍질이 딱딱한 빵 : 마지막에 같이 냅니다.

1. 닭을 소금, 후추로 밑간합니다. 6ℓ 압력솥을 중-강 불에 올리고 올리브유 1큰술을 두릅니다. 분량을 나누어 닭의 껍질 부분이 바닥으로 가게 올리고 색이 날 때까지 5분 동안 구운 후 접시에 옮겨주세요.

2. 중 불로 줄이고 남은 오일을 두릅니다. 버섯을 넣고 색이 날 때까지 4분간 볶고 마늘, 로즈마리, 레드 페퍼 플레이크를 넣고 1분 정도 향을 냅니다.

3. 피망과 양파를 넣고 섞은 후, 와인을 넣고 양이 반으로 줄 때까지 2분간 졸입니다. 여기에 토마토와 닭(빠져나온 육즙도 함께)을 넣습니다.

4. 뚜껑을 잘 덮어주세요. 압력솥을 중-강 불에 올리고 압력을 끌어올린 후 불을 줄여 압력을 유지한 채 10분 동안 닭을 익힙니다. 불에서 내리고 김을 뺀 후 뚜껑을 열고, 후추와 소금을 뿌려 냅니다.

Kale and White Bean Soup
케일과 화이트빈으로 끓인 수프

조리 시간 25분 / 총 소요 시간 1시간 (콩 불리는 시간 별도)

카넬리니빈(흰 강낭콩)은 토스카나 시골 지방에서 주식으로 씁니다. 그래서 토스카나 케일과 함께 요리해보았어요. 콩을 하룻밤 불려 요리하면 크림처럼 부드러운 식감이 만들어집니다. **6~8인분**

말린 카넬리니빈 455g

올리브유 2큰술

작은 양파 1개 : 곱게 다져주세요.

마늘 2쪽 : 다져주세요.

레드 페퍼 플레이크 ½작은술

닭 육수 또는 채수 6컵

파르미지아노 레지아노 치즈 가장자리를 포함한 1조각 (약 56g)
+ 고명용 간 치즈

물 2컵

토스카나 케일 1다발 (라치나토 케일)
　　: 질긴 줄기와 대 부분은 제거하고 이파리만 썰어주세요.

다진 레몬 제스트 2작은술과 레몬즙 2큰술

굵은소금과 후추

1. 6ℓ 압력솥에 콩을 넣고 물이 5cm 올라올 정도로 부운 후 한소끔 끓이고 불에서 내립니다. 물에 담근 상태로 냉장고에 하룻밤 넣어둔 후 남은 물을 따라 버리세요.

2. 압력솥을 중 불에 올리고 오일을 두릅니다. 양파, 마늘, 레드 페퍼 플레이크를 넣고 양파가 투명해질 때까지 4분 동안 볶아줍니다. 콩과 육수, 치즈, 물을 넣어주세요.

3. 뚜껑을 잘 덮고 중-강 불에 올립니다. 압력을 끌어올린 후 불을 줄여 압력을 유지한 채 20분 동안 콩을 익힙니다.

4. 불에서 내리고 김을 뺀 후 뚜껑을 엽니다. 케일과 레몬 제스트, 레몬즙을 넣고 소금 후추로 간하고 중 불에 올려 2분 동안 케일을 익힙니다. 테이블에 내기 전 치즈 가장자리는 건져내고, 고명용 치즈를 갈아 올려 완성합니다.

비밀 재료

절대 치즈 가장자리를 버리지 마세요. 껍질은 음식의 풍미를 더하고 수프와 스튜의 질감을 걸쭉하게 만들어줍니다. 필요할 때까지 얼려서 보관하고 요리할 때 사용해보세요.

압력솥

Beef, Barley, and Vegetable Stew

소고기, 보리, 채소를 넣은 스튜

조리 시간 20분 / 총 소요 시간 1시간 10분

비프 스튜에 당근 대신 버터넛 스쿼시를 넣어 새로운 느낌을 더하고, 보리쌀은 즐거운 식감과 거친 맛을 살려줍니다. **6인분**

소고기 목심 455g : 3조각으로 썰어주세요.

굵은소금과 후추

올리브유 2큰술

마늘 3쪽 : 다져주세요.

타임 4줄기

뉴 포테이토 225g : 잘 씻어 반으로 썰어주세요.

중간 크기의 버터넛 스쿼시 ½개 (455g)
　　　： 껍질을 벗기고 씨를 뺀 후 1.5cm 크기로 썰어주세요.

보리 ½컵

저염 닭 육수 또는 소고기 육수 4컵

물 2컵

1. 소고기는 소금과 후추로 밑간합니다. 6ℓ 압력솥을 중-강 불에 올리고 오일을 두르세요. 소고기를 넣고 골고루 색이 날 때까지 6분 동안 구워줍니다.

2. 마늘과 타임을 넣고 1분 동안 향을 낸 후 감자와 버터넛 스쿼시, 보리쌀, 육수, 물을 넣습니다.

3. 뚜껑을 잘 덮고 중-강 불에 올려 압력을 끌어올린 후 불을 줄이고 압력을 유지한 채 45분 동안 고기를 익힙니다.

4. 불에서 내리고 김을 뺀 후 뚜껑을 엽니다. 포크를 사용해 고기를 찢고 기름을 떠냅니다. 소금과 후추로 간하면 완성입니다.

One Pot, Four Ways Risotto

네 가지 방식의 원 팟 요리 : 리소토

조리 시간 15분 / 총 소요 시간 35분

35분 만에 완성하는 풍부하고 크리미한 리소토를 젓지도 않고 완성할 수 있다고요? 이 네 가지 레시피만으로도 압력솥이 주방에 영원히 자리잡는 계기가 될 거예요. **4인분**

아스파라거스와 완두콩을 넣은 리소토

무염 버터 4큰술

작은 양파 1개 : 곱게 다져주세요.

아르보리오 또는 카르나롤리 쌀 1½컵

쇼비뇽 블랑 또는 피노 그리지오류의 드라이한 화이트 와인 2큰술

저염 닭 육수 4½컵

굵은소금과 후추

아스파라거스 225g : 손질하고 2.5cm 크기로 썰어주세요.

냉동 완두콩 1컵 : 해동하여 준비하세요.

간 파르미지아노 레지아노 치즈 85g + 고명용 여분

다진 레몬 제스트 1작은술

1. 6ℓ 압력솥을 중 불에 올리고 버터 2큰술을 녹입니다. 양파를 넣고 부드러워질 때까지 4분 동안 볶아주세요. 쌀을 넣고 1분 더 볶아줍니다. 와인을 넣고 30초 정도 날려준 후, 육수 3컵을 넣고 소금과 후추로 간합니다.

2. 뚜껑을 잘 덮고 중-강 불에 올립니다. 압력을 끌어올린 후 불을 줄여 압력을 유지한 채 9분 동안 쌀을 익히세요. 압력솥을 불에서 내리고 김을 뺀 후 뚜껑을 엽니다. 남은 육수와 아스파라거스를 섞은 후, 중 불로 줄이고 8분 동안 익혀주세요.

3. 완두콩, 파르미지아노 레지아노, 레몬 제스트, 남은 버터 2큰술을 섞고 치즈를 추가로 올려 바로 테이블에 냅니다.

새우와 허브를 넣은 리소토

- 1단계에서 다진 **마늘** 2쪽을 양파와 함께 넣어 볶아주세요.

- 2단계에서 아스파라거스, 완두콩, 레몬 제스트를 뺍니다. 껍질을 까고 내장을 손질한 알이 굵은 **새우** 455g을 남은 육수와 넣고 중 불에서 새우가 불투명해질 때까지 5분간 끓입니다. **타라곤**과 **파슬리**와 같은 **신선한 허브**를 다져 ¼컵을 넣어 완성합니다.

버섯과 타임을 넣은 리소토

- 1단계에서 손질해서 썬 **크레미니 버섯** 225g과 신선한 **타임** 1작은술을 양파와 함께 넣어 볶아줍니다.

- 2단계에서 아스파라거스, 완두콩, 레몬 제스트를 뺍니다.

브뤼셀 스프라우트와 판체타를 넣은 리소토

- 1단계에서 곱게 다진 **판체타** 115g과 얇게 썬 **브뤼셀 스프라우트** 225g을 양파와 함께 넣어 볶아줍니다.

- 2단계에서 아스파라거스, 완두콩, 레몬 제스트를 뺍니다.

아스파라거스와
완두콩을 넣은 리소토
180쪽

새우와 허브를 넣은
리소토 181쪽

버섯과 타임을 넣은
리소토
181쪽

브뤼셀 스프라우트와
판체타를 넣은
리소토
181쪽

Easy Chickpea Curry
간단한 병아리콩 카레

조리 시간 15분 / 총 소요 시간 40분 (콩 불리는 시간 별도)

인도 요리에 자주 등장하는 병아리콩, 시금치, 감자는 강한 향신료에도 기죽지 않습니다. 매운맛을 선호하면 얇게 썬 신선한 세라노 또는 할라피뇨 고추를 다른 고명과 함께 올립니다. **4인분**

말린 병아리콩 225g

식물성 식용유 ¼컵

중간 크기의 양파 1개 : 얇게 썰어주세요.

다진 생강 ¼컵

마늘 4쪽 : 다져주세요.

토마토 페이스트 2큰술

큐민 가루 1½작은술

고수 가루 1작은술

뉴 포테이토 455g : 잘 씻어서 반으로 잘라주세요.

물 3¼컵

굵은소금

시금치 140g

난 또는 다른 종류의 플랫 브레드, 라임 웨지, 플레인 요거트, 신선한 고수 : 마지막에 함께 냅니다.

1. 6ℓ 압력솥에 병아리콩을 넣고 물이 5cm 정도 올라오게 붓고 한소끔 끓인 후 불에서 내립니다. 물에 담근 상태로 냉장고에 하룻밤 넣어둔 후, 남은 물을 따라 버리세요.

2. 압력솥을 중 불에 올리고 오일을 두릅니다. 양파, 생강, 마늘을 넣고 양파가 익을 때까지 4분 동안 볶아주세요. 토마토 페이스트와 큐민, 고수를 넣고 30초 동안 향을 낸 후 병아리콩, 감자, 물을 넣습니다. 소금으로 간을 해줍니다.

3. 뚜껑을 잘 덮고 중-강 불에 올립니다. 압력을 끌어올린 후 불을 줄여 압력을 유지한 채 20분 동안 병아리콩을 익힙니다.

4. 압력솥을 불에서 내리고 김을 뺀 후 뚜껑을 엽니다. 시금치를 넣고 난, 라임 웨지, 요거트, 고수를 올려 냅니다.

압력솥

압력솥

Irish Beef Stew with Stout

스타우트로 끓인 아일랜드식 비프 스튜

조리 시간 25분 / 총 소요 시간 45분

아일랜드 스타우트는 색이 짙고 구운 맛이 납니다. 알코올과 맥주 맛은 조리 중에 날아가기 때문에 스타우트를 마시지 않는다고 해서 이 레시피에 도전하지 않을 필요는 없어요. 스타우트 애주가라면 저녁 식사에 500㎖ 한 잔을 권합니다. **6인분**

소고기 목심 910g : 4cm 크기로 깍둑썰기 해주세요.

굵은소금과 후추

식물성 식용유 2큰술

중간 크기의 양파 1개 : 2.5cm 크기로 썰어주세요.

마늘 5쪽 : 얇게 저며주세요.

중력 밀가루 2큰술

토마토 페이스트 1캔 (170g)

뉴 포테이토 680g

저염 소고기 육수 1캔 (410g)

기네스 같은 아일랜드 스타우트 1컵

냉동 완두콩 1상자 (280g) : 해동하여 준비하세요.

1. 소고기는 소금과 후추로 밑간합니다. 6ℓ 압력솥을 중-강 불에 올리고 오일을 두릅니다. 분량을 나누어 소고기가 골고루 색이 날 때까지 8분 동안 굽고 필요시 오일을 더 넣어줍니다.

2. 양파와 마늘을 넣고 양파가 투명해질 때까지 3분 동안 볶아줍니다. 여기에 밀가루를 넣고 30초 더 볶아주세요. 토마토 페이스트를 넣고 1분 동안 저어준 후 감자, 육수, 스타우트를 넣고 소금과 후추로 간합니다.

3. 뚜껑을 잘 덮고 중-강 불에 올립니다. 압력을 끌어올린 후 불을 줄여 압력을 유지한 채 20분 정도 고기를 익혀주세요. 압력솥을 불에서 내리고 김을 뺀 후 뚜껑을 엽니다. 완두콩을 넣고 완전히 데우면 완성입니다.

Pork and Hominy Stew

호미니를 넣은 돼지고기 스튜

조리 시간 25분 / 총 소요 시간 1시간 10분

포졸 한 그릇으로 몸을 따뜻하게 덥혀볼까요? 멕시코 스튜는 다양한 토핑을 올릴수록 풍성해집니다. 여기에 나온 아보카도와 라임 이외에도 얇게 저민 래디시, 고수, 부순 토르티야 칩스를 올리는 것도 강력 추천합니다. **6인분**

뼈를 제거한 돼지고기 목살 570g : 10cm 크기로 썰어주세요.

굵은소금과 후추

식물성 식용유 2큰술

중간 크기의 양파 1개 : 다져주세요.

마늘 4쪽 : 다져주세요.

칠리 파우더 1큰술

저염 닭 육수 4컵

물 2컵

호미니 2캔 : 물기를 따라 버리고 헹궈주세요.

깍둑 썬 아보카도와 라임 웨지 : 마지막에 같이 냅니다.

1. 돼지고기는 소금, 후추로 밑간합니다. 6ℓ 압력솥을 중-강 불에 올리고 오일을 두릅니다. 고기를 넣고 골고루 색이 날 때까지 8분 동안 굽고 접시에 옮기세요.

2. 양파, 마늘, 칠리 파우더를 넣고 4분 동안 볶아줍니다. 육수와 물을 넣고 나무 스푼을 이용해 바닥을 긁어 저어준 후, 고기를 압력솥에 넣습니다.

3. 뚜껑을 잘 덮고 중-강 불에 올립니다. 압력을 끌어올린 후 불을 줄여 압력을 유지한 채 45분 동안 고기를 익혀주세요.

4. 불에서 내리고 김을 뺀 후 뚜껑을 엽니다. 기름을 제거하고 포크 두 개를 사용해 고기를 찢은 후, 호미니를 넣고 완전히 데웁니다. 소금과 후추로 간하고 아보카도와 라임을 올려 냅니다.

잘 익은 아보카도

아보카도의 겉을 눌렀을 때 으깨지지 않고 부
드러우면 먹기 좋게 익은 상태입니다. 덜 익은
단단한 아보카도를 종이 가방 안에 며칠 놔두
면 빨리 숙성시킬 수 있어요.

압력솥

Beef Stroganoff
비프 스트로가노프

조리 시간 30분 / 총 소요 시간 1시간 10분

풍미 깊은 이 요리가 가족들에게 가장 사랑을 받는 데는 이유가 있지요. 너무 맛있기 때문입니다. 에그 누들까지 한번에 넣고 압력솥에 요리하는 방식은 스마트한 신식 조리법입니다. **4~6인분**

말린 포르치니 버섯 28g

끓는 물 1½컵

올리브유 2큰술

양송이버섯 225g : 손질하고 4등분 해주세요.

중간 크기의 양파 1개 : 얇게 썰어주세요.

저염 닭 육수 2컵

에그누들 170g

사워크림 ⅓컵

디종 머스터드 1큰술 + 1작은술

큼직하게 다진 딜 ½컵 : 마지막에 같이 냅니다.

1. 포르치니 버섯을 끓는 물에 10분 동안 담가둡니다. 버섯을 자르고 버섯을 불린 물은 걸러서 남겨두세요.

2. 고기는 소금과 후추로 간하고 6ℓ 압력솥을 중-강 불에 올립니다. 오일 1큰술을 두른 후 분량을 나누어 고기가 골고루 색이 날 때까지 5분 동안 구워주세요. 필요하면 오일을 더 넣습니다. 접시에 옮겨둡니다.

3. 남은 오일을 넣고 양송이버섯과 양파를 넣고 저으면서 버섯이 색이 날 때까지 6분간 볶아줍니다. 포르치니 버섯과 버섯 물, 육수를 넣고 고기와 빠져나온 육수를 압력솥에 넣어주세요.

4. 뚜껑을 잘 덮고 중-강 불에 올립니다. 압력을 끌어올린 후 불을 줄여 압력을 유지한 채 30분 동안 고기를 익혀주세요. 불에서 내리고 김을 뺀 후 뚜껑을 엽니다. 중 불에서 에그누들을 넣고 저으면서 7분 동안 익힙니다.

5. 압력솥을 불에서 내립니다. 고기를 찢고 사워크림과 머스터드를 넣어주세요. 소금과 후추로 간을 하고 위에 딜을 올려 냅니다.

Stockpot & Saucepan
육수 냄비 & 소스 팬

수프를 끓여볼까요? 가장 선호하는 재료를 냄비 가득 넣고 끓이거나, 오늘 저녁 메뉴로 파스타는 어떤가요? 이런 요리들이 냄비 하나로 가능할까 싶겠지만 그것이 가능하도록 레시피를 간소화했습니다. 게다가 그냥 간소한 것이 아니라 믿기지 않을 정도로 간단하지요.

기본 사항

책에서 소개하는 두 냄비는 모두 센 불에서 끓이거나 약 불에서 뭉근하게 끓이는 데 씁니다. 주된 차이점은 크기입니다. 육수 냄비는 일반적으로 6~20ℓ 크기입니다. 대량의 수프, 스튜를 만들거나 옥수수나 랍스터를통째로 삶거나 대량의 파스타를 끓이는 데 적합합니다. 일반적으로 양쪽으로 손잡이가 달려 있고 잘 맞는 뚜껑이 있습니다.

소스 팬의 크기는 일반적으로 1~4ℓ 정도입니다. 3~4ℓ의 큰 소스 팬은 '머스트 해브' 도구입니다. 너무 많지 않은 양의 수프나 파스타(밥을 짓거나 소스 만들기, 채소 데치기, 기타 일반적인 주방 업무)를 만드는 데 쓰입니다. 긴 손잡이와 잘 맞는 뚜껑이 있습니다.

조리 팁

• 대부분의 수프는 이틀 전에 만들어둘 수 있어요. 방금 만든 수프를 저장하려면 얼음물에 냄비를 넣어 식힌 후 냉장고에 넣습니다. 또는 수프를 작은 용기에 나누어 덜어 냉장합니다.

• 수프에 여린 잎이나 신선한 허브를 넣을 경우, 수프를 테이블에 내기 전에 넣도록 합니다.

• 모든 재료를 파스타와 같이 넣어 끓이는 원 팟 파스타의 경우 시간을 주의 깊게 확인하고 모든 재료가 한번에 조리될 수 있도록 합니다. 레시피와 다른 종류의 파스타를 사용할 때는 포장지에 써 있는 조리 시간을 확인하고 그대로 조리하세요.

• 파스타 물을 끓일 때는 꼭 뚜껑을 덮어주세요. 뚜껑을 열어두면 시간과 에너지가 낭비됩니다.

육수 냄비

8ℓ 크기의 냄비는 모든 종류의 요리에 다용도로 쓰입니다. 열전도율이 높고 과열점이 생기지 않는 튼튼한 냄비를 고르세요. 12~14ℓ 크기의 육수 냄비는 대량의 음식을 조리하는 데 유용합니다. (육수 냄비는 두껍거나 무거운 것을 고르지 않아도 되는 조리 기구입니다. 큰 육수 냄비는 대부분 액체를 조리하는 데 쓰는데, 바닥에 눌어붙지 않고 냄비가 너무 무거우면 음식이 가득 담겼을 때 다루기가 쉽지 않아요.) 크기에 상관없이 리벳으로 고정된 손잡이가 있는 제품을 골라야 잡기가 쉽습니다. 형태가 길고 좁은 냄비는 안을 보기가 어렵기 때문에 넓은 것을 고르도록 합니다.

소스 팬

3~4ℓ 팬은 필수 아이템입니다. 열전도율이 높고 과열점이 생기지 않는 튼튼한 제품에 투자할 만한 가치가 있습니다. 잡았을 때 편안하고 팬이 달궈졌을 때도 뜨겁지 않은 리벳으로 고정된 손잡이를 고르세요.

Minestrone

미네스트로네

조리 시간 30분 / 총 소요 시간 1시간

이탈리아어로 '미네스트라'는 수프이고 '미네스트로네'는 거대한 수프라는 뜻입니다. 채소와 카넬리니 빈을 잔뜩 넣은 이 요리는 이름 그 이상을 기대하면 됩니다. **6인분**

올리브유 2큰술 + 마지막에 같이 낼 여분 (선택)

중간 크기의 붉은 양파 1개 : 깍둑썰기 해주세요.

중간 크기의 당근 2개 : 깍둑썰기 해주세요.

큰 셀러리 줄기 1개 : 깍둑썰기 해주세요.

레드 페퍼 플레이크 ¼작은술

다진 신선한 로즈마리 1작은술 또는 말린 로즈마리 ¼작은술

굵은소금과 후추

홀 토마토 1캔(410g) : 물기를 따라 버리고 곱게 다져주세요.

큰 감자 1개 : 깍둑썰기 해주세요.

양배추 ¼개 (225g) : 가운데 부분을 제거하고 얇게 썰어주세요.

카넬리니빈 1캔(425g) : 헹구고 물기를 빼주세요.

저염 닭 육수 또는 물 7컵

그린빈 225g : 손질하고 2.5cm 크기로 썰어주세요.

마늘 1쪽 (선택) : 다져주세요

얇게 썬 신선한 바질 ¼컵 + 고명용 작은 이파리

고명용 파르미지아노 레지아노 치즈

1. 육수 냄비를 중 불에 올리고 기름을 두릅니다. 양파, 당근, 셀러리, 레드 페퍼 플레이크, 로즈마리, 소금 1작은술, 후추 ¼작은술을 넣어주세요. 한 번씩 저어주면서 양파가 노릇해질 때까지 8분 동안 볶아줍니다.

2. 토마토를 넣고 액체가 어느 정도 증발할 때까지 1분가량 볶습니다. 감자와 양배추, 카넬리니빈, 육수를 넣고 한소끔 끓인 후 그린빈을 넣어주세요.

3. 불을 줄이고 모든 채소가 익을 때까지 20분 정도 뭉근하게 끓입니다. 소금과 후추로 간하고 마늘을 넣고 싶다면 마늘과 바질을 넣어주세요. 파르미지아노 레지아노 치즈를 뿌리고 바질을 고명으로 올립니다. 오일을 조금 부어 내도 좋습니다.

다양한 채소 활용하기

그때그때 원하는 재료를 즉석에서 조합해 쓸 수 있어요. 그린빈 대신 주키니 호박을 넣거나 양배추 대신 근대, 또는 카넬리니빈 대신 병아리콩을 넣어도 좋습니다.

육수 냄비 & 소스 팬

Warm Quinoa and Chicken Salad

퀴노아와 치킨을 넣은 따뜻한 샐러드

조리 시간 15분 / 총 소요 시간 45분

조리 시간이 짧은 퀴노아는 단백질, 철, 섬유질이 풍부한 영양의 보고입니다. 닭과 봄철 채소를 곁들이면 샐러드도 훌륭한 메인 코스 요리가 될 수 있습니다. **4인분**

올리브유 3큰술 + 고명용 여분

쪽파 4줄기
: 흰색과 연두색 부분만 분리해서 길고 얇게 썰어주세요.

퀴노아 1컵 : 헹구고 물기를 빼주세요.

뼈와 껍질을 제거한 닭 가슴살 1조각 : 반으로 썰어주세요.

곱게 간 레몬 제스트 1작은술과 레몬즙 1큰술

물 1⅓컵

아스파라거스 455g : 손질하고 2.5cm 길이로 썰어주세요.

신선한 또는 냉동 완두콩 ½컵

다진 이탈리안 파슬리 이파리 2큰술

굵은소금과 후추

1. 중간 크기의 소스 팬을 중-강 불에 올리고 오일을 두릅니다. 파의 흰 부분을 넣고 3분 동안 볶아줍니다. 퀴노아, 치킨, 레몬 제스트, 물을 넣고 한소끔 끓으면 불을 줄이고 뚜껑을 닫고 10분 동안 뭉근하게 끓입니다.

2. 아스파라거스와 완두콩을 넣고 뚜껑을 닫은 후, 물이 다 흡수되고 채소가 익을 때까지 5분 동안 더 끓여줍니다.

3. 불에서 내리고 10분 정도 둔 후, 닭을 찢고 퀴노아를 포슬포슬하게 섞어줍니다. 레몬즙과 파슬리를 넣고 소금과 후추로 간한 후에 파의 녹색 부분과 오일을 뿌려 완성합니다.

Mushroom and Lima Bean Stew

버섯과 리마빈을 넣은 스튜

조리 시간 35분 / 총 소요 시간 1시간 40분 (콩 불리는 시간 별도)

일상에서 채소를 더 많이, 맛있게 먹는 방법을 찾고 있다면 바로 여기 있습니다. 이 스튜에는 몸에 좋은 리마빈, 버섯(두 종류나 들어가죠!), 버터넛 스쿼시, 케일이 들어갑니다. **6~8인분**

말린 리마빈 1컵

엑스트라 버진 올리브유 2큰술 + 필요시 여분

큰 양파 1개 : 다져주세요.

마늘 4쪽 : 얇게 저며주세요.

표고버섯 225g : 얇게 썰어주세요.

포토벨로 버섯 (양송이버섯의 변종) 225g
: 손질하고 2.5cm 크기로 썰어주세요.

버터넛 스쿼시 910g : 껍질을 벗기고 씨를 제거한 후 2.5cm 크기
로 썰어주세요.

월계수 잎 1장

저염 닭 육수 또는 채수 8컵

굵은소금과 후추

케일 225g : 줄기는 제거하고 이파리만 얇게 썰어주세요.

1. 콩에 찬물을 가득 붓고 하룻밤 불린 후 물을 따라 냅니다.

2. 육수 냄비를 중 불에 올리고 오일을 두릅니다. 양파와 마늘을 넣고 8분 동안 볶은 후 볼에 옮기세요.

3. 분량을 나누어 버섯을 넣고 색이 날 때까지 중-강 불에서 5분간 볶고 필요시 오일을 더 넣어줍니다. 볼에 옮깁니다.

4. 버섯과 양파를 냄비에 넣고 버터넛 스쿼시, 콩, 월계수 잎, 육수를 넣고 후추로 간해주세요. 한소끔 끓이고 불을 줄인 후 뚜껑을 반 정도 덮습니다. 콩이 익을 때까지 50~60분 끓입니다.

5. 케일을 넣고 숨이 죽을 때까지 5분 동안 더 익힙니다. 월계수 잎을 꺼내고 소금으로 간하여 완성합니다.

육수 냄비 & 소스 팬

육수 냄비 & 소스 팬

Cioppino
츄피노

조리 시간 30분 / 총 소요 시간 45분

샌프란시스코로 이주한 이탈리아와 포르투갈 이민자 어부들이 그날 잡은 생선을 넣어 이 토마토 스튜를 만들어 먹은 것으로 알려져 있습니다. 직접 낚시를 할 수 없다면 시장에서 가장 싱싱해 보이는 해산물을 재료로 삼으면 됩니다. **4~6인분**

엑스트라 버진 올리브유 ¼컵

큰 양파 1개 : 굵게 다져주세요.

마늘 4쪽 : 다져주세요.

신선한 타임 이파리 2½작은술

말린 오레가노 2작은술

레드 페퍼 플레이크 ½작은술

월계수 잎 1장

홀 토마토 1캔 (795g) : 으깨주세요.

피노 그리지오류의 드라이한 화이트 와인 1¼컵

물 1¼컵

시판용 조개 육수 1컵

껍질이 붙어 있는 킹크랩 다리 살 또는 던지니스 게 다리 910g (선택)

새끼 대합 조개 24개 : 깨끗하게 씻어주세요.

껍질을 제거한 단단한 흰 살 생선 455g (붉돔, 농어, 넙치 등)
: 4cm 크기로 썰어주세요.

굵은소금과 후추

큰 새우 570g (약 30개) : 껍질을 벗기고 내장을 제거합니다. 원하면 꼬리는 그대로 두세요.

다진 이탈리안 파슬리 ½컵

1. 육수 냄비를 중 불에 올리고 오일을 두릅니다. 양파, 마늘을 넣고 양파가 투명해질 때까지 3~4분 동안 볶아줍니다. 타임, 오레가노, 레드 페퍼 플레이크, 월계수 잎을 넣어주세요.

2. 토마토(액체 포함), 화이트 와인, 물, 조개 육수를 넣고 한소끔 끓입니다. 게가 준비되어 있으면 게와 조개를 넣고 뚜껑을 덮은 채로 게 껍질이 밝은 분홍색이 되고 조개가 입을 벌릴 때까지 10분간 끓입니다.

3. 생선은 소금, 후추로 밑간한 후 냄비에 생선과 새우를 넣고 뚜껑을 덮어주세요. 생선이 불투명해지고 새우가 분홍색이 될 때까지 2~3분 동안 끓입니다.

4. 월계수 잎과 입이 벌어지지 않은 조개를 버립니다. 냄비를 불에서 내린 후 파슬리를 넣고 소금 후추로 간하여 완성합니다.

해산물 구입하기

무엇보다 신선도가 중요합니다. 가능한 한 요리하는 당일에 재료를 구입하는 것이 좋습니다. 언제 어디서 잡힌 것인지 물어보고 냄새도 맡아보세요. 바닷물의 염분 향이 날 수 있지만 생선 비린내가 나서는 안 됩니다. 손가락으로 살코기를 눌렀을 때 자국이 남지 않고 바로 봉긋하게 솟아올라야 신선한 재료입니다.

Split Pea Soup

말린 완두콩 수프

조리 시간 30분 / 총 소요 시간 1시간 15분

햄학(돼지의 다리와 발 사이 관절 부위)은 최고의 저녁 식사 요리에 스모키한 풍미와 실체를 만들어줍니다. 남은 햄 뼈가 있다면 그것을 사용해도 됩니다. **10인분**

식물성 식용유 2큰술

중간 크기의 양파 1개 : 곱게 다져주세요.

작은 당근 4개 : 곱게 다져주세요.

셀러리 1줄기 : 곱게 다져주세요.

붉은 피망 ½개 : 곱게 다져주세요.

마늘 4쪽 : 다져주세요.

말린 완두콩 910g : 잘 고르고 헹군 후 물기를 빼주세요.

다진 타임 이파리 1큰술

월계수 잎 2장

작은 족발 또는 햄 학 2개 (총 570g)
　　　 : 1.5cm 길이로 칼집을 내주세요.

저염 닭 육수 10컵

굵은소금과 후추

크루통(빵을 작은 조각으로 썰어 기름에 튀기거나 오븐으로 구운 것)
　　　 : 마지막에 올려 냅니다. (선택)

1. 육수 냄비를 중-강 불에 올리고 오일을 두릅니다. 양파, 당근, 셀러리, 피망, 마늘을 넣고 양파가 투명해질 때까지 10분간 볶아줍니다.

2. 완두콩, 타임, 월계수 잎을 넣고 2분 동안 볶고 햄학과 육수를 넣어주세요. 한소끔 끓인 후 불을 줄이고 뚜껑을 반 정도 덮어 완두콩이 부서질 때까지 45분 정도 뭉근하게 끓입니다.

3. 햄학을 냄비에서 꺼냅니다. 껍질과 뼈를 버리고 고기는 0.5cm 크기로 자르세요. 월계수 잎을 버리고 나무 스푼 뒷면으로 완두콩을 가볍게 으깹니다. 햄을 수프에 넣고 소금과 후추로 간합니다. 원하면 크루통을 올려 냅니다.

말린 완두콩

콩과 식물의 말린 씨앗인 이 콩은 반으로 짜개진 덕분에 조리 시간이 줄어듭니다. 콩과 달리 밤새 불릴 필요가 없지만 처리 과정에서 제거되지 못한 불순물을 걸러낼 수 있도록 잘 헹구고 콩을 골라주세요.

육수 냄비 & 소스 팬

육수 냄비 & 소스 팬

Sweet Potato and Sausage Soup

고구마 소시지 수프

조리 시간 20분 / 총 소요 시간 40분

이 수프는 주중 저녁 식사로 먹을 수 있을 만큼 조리 시간이 짧고, 평상시 손님 접대 음식으로 내놓기에도 특별합니다. 레시피의 양보다 두 배로 요리해서 친구들을 초대해보세요. 겨울 주말 저녁에 나누기에 이보다 더 좋은 식사는 없을 거예요. **6인분**

엑스트라 버진 올리브유 1큰술

큰 양파 1개 : 2cm 크기로 잘라주세요.

마늘 2쪽 : 다져주세요.

굵은소금과 후추

달거나 매운 이탈리안 소시지 340g : 껍질은 제거하세요.

고구마 2개 (총 455g) : 껍질을 벗기고 1.5cm 크기로 썰어주세요.

저염 닭 육수 4컵

물 2컵

오레키에테 (다른 쇼트 파스타로 대체 가능) ¾컵

케일이나 근대와 같은 녹색 잎채소 4컵 : 굵게 다져주세요.

고명용 간 파르미지아노 레지아노 치즈

1. 육수 냄비를 중-강 불에 올리고 오일을 두릅니다. 양파와 마늘을 넣고 양파가 투명해질 때까지 6분 동안 볶아주세요.

2. 소금과 후추로 간한 후 소시지를 넣고 나무 스푼으로 소시지 안에 든 고기를 으깨면서 색이 날 때까지 5분 동안 볶아줍니다.

3. 고구마, 육수, 물을 넣고 한소끔 끓입니다. 파스타를 넣고 포장에 나와 있는 시간보다 3분 정도 덜 끓이세요. 불을 줄이고 잎채소를 넣습니다. 파스타가 익고 채소의 숨이 죽을 때까지 4분 동안 끓인 후 파르미지아노 레지아노와 함께 냅니다.

Pasta with Lentils and Greens
렌틸과 채소를 넣은 파스타

조리 시간 15분 / 총 소요 시간 55분

이 레시피에 들어간 (렌틸, 토마토, 아루굴라, 페타 치즈 같은) 재료들을 보면 맛있는 프렌치 샐러드가 만들어질 것 같지 않나요? 이 모든 재료를 파스타와 섞으면 고기 없이도 든든한 한 끼 식사가 완성됩니다. **4인분**

굵은소금과 후추

프렌치 그린 렌틸 ¾컵 : 고르고 헹궈주세요.

마늘 1쪽

오레키에테 (다른 쇼트 파스타로 대체 가능) 340g

엑스트라 버진 올리브유 2큰술 + 고명용 여분

방울토마토 700g : 반으로 잘라주세요.

베이비 아루굴라 또는 시금치 140g

부순 페타 치즈 56g + 고명용 여분

고명용 고수

1. 육수 냄비에 물과 소금을 넣고 끓입니다. 렌틸과 마늘을 넣고 뚜껑을 반 정도 덮어주세요. 렌틸은 너무 푹 익지 않도록 30분 동안 끓이세요. 파스타를 넣고 포장에 나와 있는 조리법에 따라 알덴테로 삶은 후 물을 뺍니다.

2. 동일한 냄비를 강 불에 올리고 오일을 두릅니다. 토마토와 소금 1작은술을 넣고 뭉개지기 시작할 때까지 2분가량 익힙니다. 파스타와 렌틸을 냄비에 넣고 아루굴라와 페타 치즈를 넣은 후 잘 섞어줍니다. 소금과 후추로 간하고 페타 치즈와 고수를 올린 후 오일을 조금 뿌려 냅니다.

프렌치 렌틸

'렌틸 듀 퓨' 또는 '그린 렌틸'이라고도 불리는 프렌치 렌틸은 일반적인 브라운 렌틸에 비해 알이 작고 요리를 한 후에 모양이 덜 흐트러지기 때문에 파스타 요리에 잘 어울립니다.

육수 냄비 & 소스 팬

Stovetop Clambake

레인지 위에서 열리는 해산물 파티

조리 시간 10분 / 총 소요 시간 40분

모래에 구덩이를 파는 것은 잊으세요. 모든 재료를 겹겹이 깔아주기만 하면 육수 냄비 안에서도 환상적인 여름 파티가 벌어질 거예요. 바닷가에서 하루를 보내기 위해 짐을 싸는 시간보다 짧은 시간에 완성할 수 있는 식사입니다. **6인분**

피노 그리지오류의 드라이한 화이트 와인 1¼컵

물 ¾컵

마늘 6쪽

큰 샬롯 2개 : 뿌리 부분은 완전히 자르지 않고 4등분 합니다.

작은 레드 감자 680g : 깨끗하게 씻어주세요.

레드 페퍼 플레이크 ½작은술 (선택)

옥수수 6대 : 껍질 벗기고 반으로 잘라주세요.

새끼 대합 조개류의 조개 60개 : 깨끗하게 씻어주세요.

레몬 2개 : 4등분 해주세요.

껍질을 벗기지 않은 알이 굵은 새우 455g (약 20개)

무염 버터 4큰술

다진 이탈리안 파슬리 ½컵

다진 오레가노 2큰술

1. 큰 육수 냄비에 물과 와인을 넣고 끓입니다. 마늘, 샬롯, 감자, 준비한 경우 레드 페퍼 플레이크를 넣고 뚜껑을 닫은 후 8분 동안 끓여줍니다.

2. 옥수수, 조개, 레몬을 넣고 뚜껑을 닫고 조개가 입을 벌릴 때까지 10분간 끓입니다. 새우를 한 겹으로 넣고 뚜껑을 닫은 후 불을 끄고, 새우가 불투명해질 때까지 3분가량 그대로 둡니다.

3. 입을 벌리지 않은 조개는 버리고 집게나 그물 국자를 사용해 조개와 새우, 채소를 접시에 덜고 레몬을 옆에 놓습니다. 육수는 볼 위에 면보를 넣어 거르고 버터, 파슬리, 오레가노를 섞어줍니다. 육수에 레몬 반쪽의 살을 긁어 넣고 껍질은 버립니다. 남은 레몬을 조개, 새우, 채소와 같이 놓고 찍어 먹을 육수를 함께 냅니다.

Pasta with Farm-Stand Vegetables

신선한 제철 채소를 넣은 파스타

조리 시간 15분 / 총 소요 시간 20분

할 수 있을 때 여름의 모든 면면을 음미하세요. 제철을 맞은 토마토, 옥수수, 주키니 호박, 바질을 사서 덩어리가 큼직하게 씹히고 각각의 맛이 빛나는 파스타 소스로 만들어봅시다. **4인분**

굵은소금과 후추

제멜리 (다른 쇼트 파스타로 대체 가능) 340g

옥수수 4대 : 알을 떼어 준비합니다.

중간 크기의 주키니 호박 2개 : 굵은 채칼에 갈아주세요.

엑스트라 버진 올리브유 2큰술 + 고명용 여분

마늘 2쪽 : 다져주세요.

방울토마토 470g : 반으로 잘라주세요.

바로 간 파르미지아노 레지아노 치즈 ¼컵 + 고명용 여분

손으로 찢은 신선한 바질 ½컵 + 고명용 여분

1. 소금물이 끓는 육수 냄비에 파스타를 넣고 포장에 안내하는 시간보다 1분 덜 삶습니다. 옥수수를 넣고 1분 더 끓입니다. 파스타 육수는 1컵 분량을 따라둡니다. 주키니 호박을 넣고 남은 물을 따라 버리세요.

2. 동일한 냄비를 강 불에 올리고 오일을 두릅니다. 마늘을 넣고 1분 동안 향을 냅니다. 토마토를 넣고 저어주면서 터져 나오기 시작할 때까지 3분 동안 볶아줍니다.

3. 파스타 육수 ½컵을 넣고 한소끔 끓입니다. 파스타와 소스, 파르미지아노 레지아노 치즈를 섞고 너무 되면 파스타 육수를 추가합니다. 여기에 바질을 넣고 소금과 후추로 간합니다. 오일을 살짝 뿌리고 치즈와 바질을 올려 냅니다.

육수 냄비 & 소스 팬

One Pot, Four Ways Chicken Soup

네 가지 방식의 원 팟 요리 : 치킨 수프

조리 시간 20분 / 총 소요 시간 1시간

클래식 치킨 수프 한 그릇보다 만족스러운 요리가 또 있을까요? 물론 아래 소개하는 레시피 중 하나는 예외가 되겠지만요. 몇 가지 재료가 새로운 맛을 만들어내지만, 고전의 혼이 담긴 본질은 변하지 않습니다. **8인분**

클래식 치킨 수프

닭 한 마리 (약 1.8kg) : 8조각으로 자릅니다.

저염 닭 육수 4컵

물 5컵

굵은소금과 후추

중간 크기의 양파 2개 : 얇게 썰어주세요.

마늘 4쪽 : 으깨주세요.

중간 크기의 당근 4개 : 1.5cm 두께로 어슷썰기 해주세요.

셀러리 2줄기 : 0.5cm 두께로 어슷썰기 해주세요.

이탈리안 파슬리 12줄기 + 고명용 다진 파슬리

엔젤 헤어 파스타 56g

1. 육수 냄비에 닭, 육수, 물, 소금 1작은술을 섞어줍니다. 한소끔 끓이고 큰 스푼을 사용해 표면에 올라온 거품을 제거하세요. 불은 중-약으로 줄이고 거품을 떠내면서 5분 동안 뭉근하게 끓입니다. 양파, 마늘, 당근, 셀러리, 파슬리를 넣습니다. 뚜껑을 반 정도 덮고 닭이 다 익을 때까지 25분 동안 끓입니다.

2. 파슬리와 닭을 꺼내고 닭의 등과 목 부분 그리고 파슬리를 버립니다. 닭을 식혀서 한입 사이즈로 찢어주세요. 기름을 걷어냅니다.

3. 육수를 다시 끓이고 파스타를 넣어 5분 동안 끓입니다. 여기에 찢어놓은 닭고기 3컵을 넣어주세요. (남은 닭은 다른 용도에 쓰도록 남겨둡니다.)

4. 수프를 소금과 후추로 간하고 다진 파슬리를 고명으로 올려 냅니다.

중국식 치킨 수프

- 1 단계에서 양파 대신 **쪽파** 1단을 흰 부분만 넣어줍니다. 당근은 생략하세요. 셀러리는 껍질을 벗긴 **생강** 6쪽으로 대체하고, 파슬리 대신 **고수** ½단을 넣어줍니다.

- 2 단계에서 닭을 빼고 육수를 걸러주세요.

- 3 단계에서 엔젤 헤어 파스타 대신 **로메인 누들**을 넣고 **청경채** 3개를 썰어 넣고 반으로 자른 **스냅 피** 225g을 넣어줍니다.

- 4 단계에서 맛을 내기 위해 **저염 간장**을 넣고 간 **백후추**로 간합니다. 파슬리 대신 다진 **쪽파**를 넣어줍니다.

콜롬비아식 치킨 수프

- 1 단계에서 셀러리는 다진 **토마토** 1개로 대체하고 파슬리는 신선한 **고수** ½단으로 대체합니다.

- 3 단계에서 파스타 대신 **유카** (또는 감자) 225g을 껍질을 까고 2.5cm 크기로 썰어 넣고 30분 동안 뭉근하게 끓입니다.

- 4 단계에서 **소금과 후추**로 간하고 신선한 **레몬즙**을 입맛에 맞게 뿌립니다. 다진 신선한 **고수**와 얇게 썬 **세라노 고추**를 고명으로 올립니다.

태국식 치킨 수프

- 1 단계에서 양파 대신 3등분을 한 **샬롯**을 넣어줍니다. 당근은 생략합니다. 셀러리는 껍질을 벗긴 **생강** 6쪽과 으깬 **레몬그라스** 2줄기로 대체합니다. 파슬리도 생략합니다.

- 2 단계에서 닭을 꺼낸 후 육수를 걸러주세요.

- 3 단계에서 파스타는 **쌀국수** 42g으로 대체합니다.

- 4 단계에서 남플랏 또는 느억맘과 같은 **동남아 피시 소스**와 **라임즙**을 입맛에 따라 넣습니다. 파슬리는 신선한 **바질**과 **라임** 웨지, 얇게 썬 **태국 고추**로 대체합니다.

클래식 치킨 수프
214쪽

중국식 치킨 수프
215쪽

콜롬비아식 치킨 수프
215쪽

태국식 치킨 수프
215쪽

Black Bean and Almond Soup

검은콩 아몬드 수프

조리 시간 30분 / 총 소요 시간 50분

캔에 든 콩과 닭 육수만 있으면 큐민 향 가득한 건강한 수프 한 그릇을 1시간 안에 테이블에 올릴 수 있어요. 핸드 블렌더 또한 시간과 설거지를 줄여줍니다. **4인분**

엑스트라 버진 올리브유 2큰술

큰 적양파 1개 : 곱게 다져주세요.

굵은소금과 후추

큐민 가루 ½작은술

검은콩 2캔 (각 440g) : 물기를 따라 버리고 헹궈주세요.

저염 닭 육수 4컵

고수 ½컵 + 고명용 여분

아몬드 슬라이스 ¼컵 + 고명용 여분

고명용 아보카도 슬라이스

플레인 요거트 또는 사워크림 : 마지막에 올립니다.

1. 중간 크기의 소스 팬을 중 불에 올리고 오일을 두릅니다. 양파 1½컵을 넣고 소금과 후추로 간한 후 노릇하고 부드러워질 때까지 8분간 볶아주세요.

2. 마늘과 큐민 가루를 넣고 향이 올라올 때까지 1분가량 볶고, 콩과 육수를 넣은 후 한소끔 끓입니다. 불을 줄이고 콩이 충분히 덥혀지고 부드러워질 때까지 10분 동안 뭉근하게 끓입니다. 10분간 식혀주세요.

3. 핸드 블렌더를 사용해 굵은 덩어리가 남도록 거칠게 갈아줍니다. 고수와 아몬드를 넣고 콩이 걸쭉한 상태가 아닌 굵은 덩어리가 씹히는 상태가 되도록 몇 번 더 갈아주세요. 소금과 후추로 간해주세요.

4. 수프를 4개의 볼에 나누어 담고 남은 양파 ¼컵과 고수, 아보카도, 요거트를 동일하게 나누어 올립니다.

견과류 굽기

베이킹 팬에 견과류를 한 겹으로 펼칩니다. 176℃ 오븐에 향이 올라오고 색이 날 때까지 구워주세요. 아몬드 슬라이스의 경우 5~7분 정도 걸립니다. 중간에 한 번 팬을 흔들거나 견과류를 섞어서 뒤집으면 골고루 색을 낼 수 있어요.

  육수 냄비 & 소스 팬

육수 냄비 & 소스 팬

Gemelli with Pesto and Potatoes

감자와 페스토를 넣은 제멜리

조리 시간 25분 / 총 소요 시간 40분

감자와 파스타? 네, 그렇습니다. 그린빈과 페스토를 넣으면 이탈리아 리구리아 주 전통 음식이 됩니다. 따뜻하게 먹어도 좋지만 상온에 두어도 맛있기 때문에 피크닉이나 포트럭 파티 메뉴로도 훌륭합니다. **4인분**

뉴 포테이토 225g : 깨끗하게 씻어 반으로 잘라주세요.
굵은소금과 후추
제멜리 (다른 쇼트 파스타로 대체 가능) 225g

그린빈 225g : 손질하여 반으로 자릅니다.
시판용 또는 홈메이드 페스토 ½컵 (아래 참조)
간 파르지미아노 레지아노 치즈 : 마지막에 올립니다.

1. 육수 냄비에 감자를 넣고 물이 5cm 정도 올라오도록 부은 후 한소끔 끓입니다. 소금 1큰술을 넣고 파스타를 넣은 후 다시 한소끔 끓이고 2분 동안 익혀주세요.

2. 그린빈을 넣고 다시 한소끔 끓인 후, 포장지에 나온 조리법에 따라 파스타를 익히고 채소가 익을 때까지 6분 동안 끓입니다. 물을 따라 냅니다.

3. 파스타와 같이 든 재료와 감자를 페스토에 버무립니다. 소금과 후추로 간하고 파르미지아노 레지아노를 뿌려주세요. 따뜻하게 또는 상온 상태로 냅니다.

페스토 만들기

식품점에서 구입하는 시판용도 괜찮지만 집에서 만드는 것도 쉽습니다. 푸드 프로세서에 잣 또는 호두 ½컵과 신선한 바질 4컵, 간 파르미지아노 레지아노 ½컵, 마늘 1쪽, 소금과 후추를 넣고 다집니다. 프로세서가 작동하는 상태에서 올리브유 ½컵을 넣고 부드럽게 될 때까지 갈아줍니다. (1¼컵 분량 완성.)

Kimchi Stew with Chicken and Tofu

닭고기와 두부를 넣은 김치 스튜

조리 시간 20분 / 총 소요 시간 45분

재료들을 보면 흔치 않은 조합으로 보이겠지만 이 모든 재료는 아름답고 균형 잡힌
한 그릇 요리로 완성됩니다. 가장 기본이 되는 재료는 김치입니다. **6~8인분**

저염 닭 육수 3¾컵

물 2½컵

뼈가 있는 껍질을 제거한 닭 허벅지 살 2조각

다진 마늘 1큰술

다진 생강 2작은술

다진 앤초비 1작은술

굵은소금 ¼작은술

김치 455g : 물기는 ½컵만 남기고 따라 버립니다.

순두부 455g

쪽파 3대 : (흰색과 연두색 부분만 사용) 얇게 썰어주세요.

1. 육수 냄비를 강 불에 올리고 육수, 물, 닭, 마늘, 생강, 앤초비, 소금을 넣고 한소끔 끓입니다. 불을 줄이고 닭이 다 익을 때까지 15분 동안 뭉근하게 끓이고 불에서 내립니다.

2. 닭은 접시에 옮기고 육수는 따로 두세요. 닭을 손질할 수 있을 때까지 식힌 후, 뼈에서 살을 바르고 한입 사이즈로 찢어줍니다.

3. 닭과 김치 그리고 덜어두었던 김치 국물을 육수 삶은 냄비에 넣고 약 불로 끓입니다. 여기에 부서지지 않도록 조심해서 두부를 스푼으로 떠 넣으세요. 냄비를 살살 흔들어 두부가 국물에 잠기게 한 후, 아주 약한 불에서 두부가 데워질 때까지 5분가량 끓입니다. 파를 올려 냅니다.

발효 음식

'발효'라는 용어 자체는 그다지 유혹적으로 들리지 않을 수 있지만 요거트, 사우어크라우트, 김치 모두 이 맛 좋은 음식 그룹에 속합니다. 발효 음식은 프로바이오틱스라는 유익한 박테리아를 포함하는데, 소화와 면역계를 돕는 것으로 알려져 있습니다.

육수 냄비 & 소스 팬

Chickpea Stew
with Pesto

페스토를 올린 병아리콩 스튜

조리 시간 25분 / 총 소요 시간 25분

영양이 가득한 이 스튜의 비법은 바로 딱딱한 빵입니다. 국물을 걸쭉하게 만드는 역할을 하지요. 그리고 널리 알려진 또 다른 비법은 바질 페스토입니다. 그릇에 덜어놓은 스튜 위에 한 바퀴 올려주면 강렬한 색과 풍미를 만들어냅니다. **4인분**

엑스트라 버진 올리브유 3큰술

큰 양파 1개 : 얇게 썰어주세요.

셀러리 4줄기 : 얇게 썰어주세요.

굵은소금과 후추

오레가노 5줄기

토마토 페이스트 3큰술

채수 6컵

병아리콩 2캔 (각 440g) : 헹구고 물기를 빼주세요.

딱딱해진 러스틱 브레드 3장
    : 가장자리는 제거하고 작게 찢어주세요.

시판용 또는 홈메이드 바질 페스토 ¼컵 (레시피 221쪽 참고.)
    : 마지막에 올려 냅니다.

1. 중간 크기의 소스 팬을 중-강 불에 올리고 오일을 두릅니다. 양파와 셀러리를 넣고 소금, 후추로 간해주세요. 채소의 색이 날 때까지 10분 동안 볶은 후, 오레가노와 토마토 페이스트를 넣고 향이 올라올 때까지 1분 더 볶아줍니다.

2. 육수를 넣고 한소끔 끓인 후 불을 줄이고 양파가 익을 때까지 5분 동안 끓입니다. 병아리콩과 빵을 넣고 국물이 걸쭉해질 때까지 8분 동안 뭉근하게 끓입니다. 소금과 후추로 간을 하고 4개의 볼에 나누어 담은 후 페스토를 나누어 올립니다.

Corn and Shrimp Chowder

옥수수 새우 차우더

조리 시간 25분 / 총 소요 시간 40분

단맛이 꽉 들어찬 옥수수, 훈제 베이컨, 연한 새우를 부드러운 크림 육수에 넣었습니다. 옥수수가 많이 나고 공기 중에 찬바람이 살짝 느껴지는 늦여름에 이상적인 수프 한 그릇입니다. **4인분**

베이컨 4장 : 1.5cm 크기로 잘라주세요.

쪽파 8대 : 흰색과 연두색 부분만 가로로 얇게 썰어주세요.

중간 크기의 감자 2개 : 껍질을 벗기고 1.5cm 크기로 썰어주세요.

중력 밀가루 2큰술

우유 3컵

올드 베이 같은 시푸드 시즈닝 1작은술

말린 타임 ½작은술

물 2컵

옥수수 6대 : 알을 떼주세요.

알이 굵은 새우 455g : 껍질을 벗기고 내장을 제거해주세요.

굵은소금과 후추

오이스터 크래커 (선택) : 마지막에 올려 냅니다.

1. 육수 냄비를 중-강 불에 올리고 베이컨이 색이 나고 바삭해질 때까지 6분 동안 볶아줍니다. 흘림 국자로 베이컨을 키친타월에 옮기고 기름기를 빼주세요.

2. 냄비에 파의 흰 부분과 감자를 넣고 파가 익을 때까지 3분간 볶고, 밀가루를 넣고 1분 더 볶아줍니다. 우유와 시푸드 시즈닝, 타임, 물을 넣고 한소끔 끓입니다.

3. 불을 줄인 후 한 번씩 저어주면서 감자가 익을 때까지 12분 동안 끓입니다. 옥수수, 새우, 파의 녹색 부분을 넣고 새우가 불투명해질 때까지 2~3분 동안 끓입니다.

4. 소금과 후추로 간을 하고, 베이컨을 올려 바로 냅니다. 크래커와 함께 내도 좋습니다.

옥수수알 떼기

깊이가 얕은 볼에 옥수수를 세우고 옥수수를 자르면 튀는 옥수수알도 그릇에 담을 수 있습니다. 옥수수 대를 스푼으로 긁어내면 과육과 옥수수의 맛이 그대로 담긴 우윳빛 즙까지도 버리지 않고 쓸 수 있습니다.

 육수 냄비 & 소스 팬

육수 냄비 & 소스 팬

Miso Soup with Soba Noodles

메밀국수를 넣은 미소 수프

조리 시간 25분 / 총 소요 시간 25분

미소 된장을 사용해 짭짤한 맛의 육수를 냈습니다. 여기서는 백 된장을 사용하는데 색이 진한 미소 된장에 비해 부드러운 맛이 납니다. 메밀국수와 두부를 넣으면 완전한 한 끼 식사가 됩니다. **4인분**

저염 채수 또는 닭 육수 4컵

물 3컵

메밀국수 225g

당근 2개 : 채썰기 해주세요.

시금치 150g : 줄기는 제거하고 2.5cm 조각으로 가늘게 썰어주세요.

단단한 두부 170g : 물기를 빼고 큼지막하게 썰어주세요.

일본식 백 된장 3큰술

쪽파 2대 : 2.5cm 길이로 썰어주세요.

1. 중간 크기의 소스 팬을 센 불에 올리고 육수와 물 2컵을 넣고 끓입니다. 불을 중-강 불로 줄이고 메밀국수를 넣고 3분 동안 끓여주세요. 당근을 넣고 아삭하게 익을 때까지 2분가량 끓입니다.

2. 시금치와 두부를 넣고 섞어줍니다. 시금치의 숨이 죽고 두부가 데워질 때까지 30초가량 더 끓입니다.

3. 된장을 볼에 넣고 아주 뜨거운 물 1컵을 넣어 다 녹을 때까지 2분가량 저어줍니다. 소스 팬에 녹인 된장을 넣어 섞어주세요. 섞은 후에는 국물을 더 이상 끓이지 않습니다. 파를 올려 내면 완성입니다.

미소 된장으로 요리하기

미소 된장의 맛과 건강에 좋은 성분들은 된장을 끓이면 줄어들기 때문에 요리 마지막에 첨가합니다.

Lentil Soup with Caulifl ower and Cheese

콜리플라워와 치즈를 넣은 렌틸 수프

조리 시간 15분 / 총 소요 시간 1시간

렌틸 수프 팬이라면 기대해도 좋습니다. 전형적인 수프에 콜리플라워와 노릇하게 늘어지는 치즈를 올리면 맛이 더욱 풍성해지지요. **4인분**

엑스트라 버진 올리브유 2큰술

작은 양파 1개 : 잘게 썰어주세요.

셀러리 1줄기 : 잘게 썰어주세요.

중간 크기의 당근 1개 : 잘게 썰어주세요.

타임 3줄기 + 고명용 여분

굵은소금과 후추

브라운 렌틸 1컵 : 잘 고르고 헹궈주세요.

저염 닭 육수 4컵

콜리플라워 ½통 : 가운데 부분을 제거하고 손질하여 작은 꽃 부분으로 잘라주세요.

채 썬 그뤼에르 또는 파르미지아노 레지아노 치즈 85g

1. 육수 냄비를 중-강 불에 올리고 오일을 두릅니다. 양파, 셀러리, 당근, 타임을 넣고 소금과 후추로 간한 후, 채소가 익을 때까지 8분 동안 볶아줍니다.

2. 렌틸과 육수를 넣고 한소끔 끓입니다. 불을 줄이고 뚜껑을 덮은 후 렌틸이 익을 때까지 30분 정도 뭉근하게 끓여줍니다. 여기에 콜리플라워를 넣고 불을 다시 중-강으로 올리고 콜리플라워가 아삭하게 익을 때까지 3분가량 더 끓여주세요. 타임을 빼고 소금과 후추로 간합니다.

3. 상단 열선으로부터 15cm 떨어진 위치에 선반을 놓고 브로일러를 켭니다. 수프를 오븐 사용이 가능한 라미킨이나 수프 볼 4개에 나누어 담습니다. 치즈를 올리고 색이 나고 끓어오를 때까지 3~4분 동안 굽고 타임을 올려 냅니다.

Bean and Tomato Soup with Indian Spices

인도 향신료를 넣은 토마토 빈 수프

조리 시간 20분 / 총 소요 시간 40분

향이 풍부한 이 수프는 북인도 강낭콩 카레인 라즈마에서 영감을 받은 요리입니다. 구운 향신료, 신선한 고추, 생강을 넉넉하게 갈아 올리면 매력적인 요리가 완성됩니다. **4~6인분**

홍화유 1큰술

다진 양파 1½컵

다진 마늘 2큰술

다진 생강 2큰술

다진 태국 청고추, 할라피뇨 또는 다른 신선한 고추 1~2개
 + 고명용 여분 (얇게 썰어서 준비)

큐민 가루 1작은술

고수 가루 1작은술

시나몬 가루 ¼작은술

강황 가루 ¼작은술

강낭콩 또는 핀토빈스 2캔 (각 440g)
 : 헹구고 물기를 빼주세요.

다이스 토마토 1캔 (425g)

물 1½컵

굵은소금

플레인 요거트, 고수, 피타 칩스 : 마지막에 함께 냅니다.

1. 중간 크기의 소스 팬을 중 불에 올리고 홍화유를 두릅니다. 양파, 마늘을 넣고 양파가 부드럽게 익고 색이 날 때까지 8분간 볶아주세요. 생강, 다진 고추, 큐민, 고수, 시나몬 가루, 강황 가루를 넣고 향이 올라올 때까지 2분가량 더 볶아줍니다.

2. 여기에 콩과 토마토, 물을 넣고 소금으로 간합니다. 한소끔 끓이고 불을 줄인 후 살짝 걸쭉해질 때까지 10분가량 뭉근하게 끓여주세요.

3. 감자 으깨기 또는 핸드 블렌더를 사용해 냄비 안에 있는 콩의 ⅓을 굵게 으깨고 수프에 섞어줍니다. 수프를 볼에 나누어 담고 요거트, 고수, 얇게 썬 고추를 올립니다. 피타 칩스와 함께 냅니다.

Desserts

디저트

간단하게 만들 수 있는 주요리 레시피가 있으니 식사를 마무리할 정교한 무언가를 준비해볼 수도 있겠죠? 번거로움이라면 질색하는 우리 팀이 가장 선호하는 메뉴에 집중해보는 건 어떨까요. 여기 있는 디저트 중 그 어느 것도 많은 시간이나 에너지를 필요로 하지 않지만 피날레를 장식할 정도로 근사한 메뉴들입니다.

Peach Crumble

피치 크럼블

조리 시간 10분 / 총 소요 시간 1시간 20분

'간단'과 '디저트' 두 단어를 합성한다면 아마도 크럼블이나 얇게 튀긴 칩을 떠올릴 겁니다. 이 파이는 일 년 내내 제철 과일을 이용해 만들 수 있지만 여기서는 모두가 좋아하는 복숭아를 사용합니다. **8인분**

복숭아 910g : 1.5cm 크기의 웨지 모양으로 잘라주세요.

입자가 굵은 알갱이 형태의 설탕 ¾컵

옥수수 전분 1큰술과 1작은술

신선한 레몬즙 1큰술

굵은소금 1작은술

무염 버터 6큰술 : 실온에 둡니다.

황설탕 ¼컵

중력 밀가루 1컵

1. 오븐을 190℃로 예열하고 20cm 정사각형 베이킹 접시에 복숭아, 알갱이 형태의 설탕, 옥수수 전분, 레몬즙, 소금 ½작은술을 섞어줍니다.

2. 볼에 버터와 황설탕을 넣고 나무 스푼으로 크림이 될 때까지 저어주세요. 밀가루와 남은 소금 ½작은술을 넣고 큰 덩어리가 생길 때까지 손으로 섞은 후, 준비한 소 위에 뿌립니다.

3. 가운데 부분이 끓어오를 때까지 50분 동안 굽고 30분이 지나면 쿠킹 호일로 느슨하게 씌워줍니다. 20분 식혔다 내면 완성입니다.

Rustic Apple Tart

러스틱 애플 타르트

조리 시간 15분 / 총 소요 시간 1시간 20분

냉동실에 있는 퍼프 패스트리와 선반에 올려진 사과 한 바구니면 디저트로 뭘 먹을지 고민하지 않아도 됩니다. 도우를 밀어서 그 위에 과일을 올리고 오븐에 넣으면 완성입니다. **6인분**

냉동 퍼프 패스트리 1장 (일반 490g 제품) : 해동합니다.

중력 밀가루 : 작업대에 뿌리는 용도

그래니 스미스 사과 3개

설탕 ⅓컵

알이 굵은 달걀 노른자 1개

물 1큰술 + 1작은술

무염 버터 2큰술

애플 젤리 또는 살구 잼 2큰술

1. 오븐을 190℃로 예열합니다. 밀가루를 살짝 바른 작업대에 패스트리 시트를 20cm×35cm 크기의 사각형으로 밀어주세요. 날이 선 칼로 가장자리를 자른 후, 베이킹 팬에 옮기고 냉동실에 칠링합니다. 사과의 껍질을 벗기고 가운데 부분을 제거한 후 0.5cm 두께로 썰어서 설탕에 버무립니다.

2. 달걀 노른자를 거품 내고 물 1작은술을 넣어 만든 달걀물을 패스트리에 바릅니다. 과도로 4면에 가장자리로부터 2cm 간격에 금을 그어줍니다. (자르지 않도록 주의하세요.) 선 안에 사과를 놓고 버터를 곳곳에 놓습니다. 패스트리가 황금빛이 나고 사과가 익을 때까지 35분 동안 구워줍니다.

3. 젤리에 물 1큰술을 넣고 녹을 때까지 가열합니다. 녹은 젤리를 사과에 바르고 15분 동안 식힙니다. 따뜻하게 또는 상온으로 냅니다.

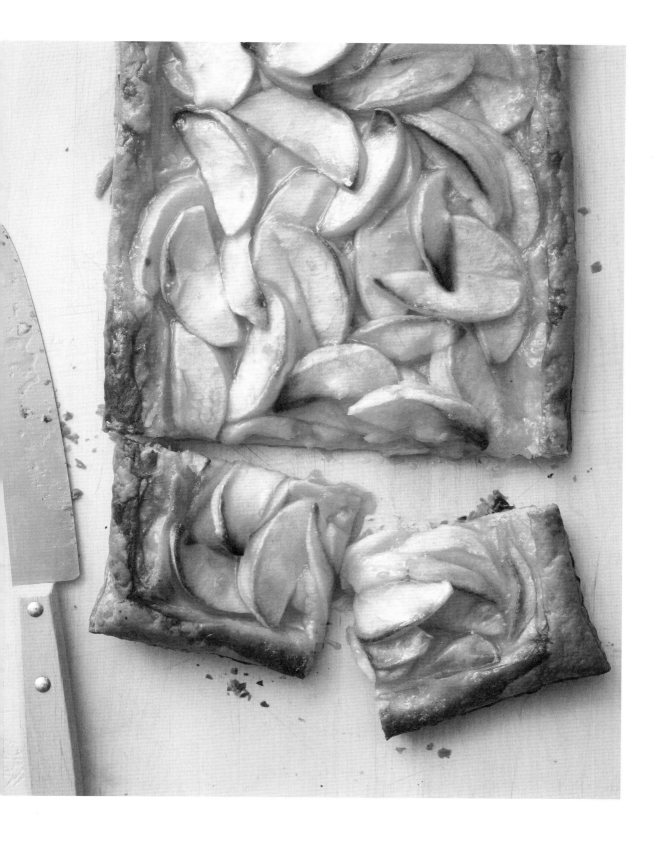

Skillet Chocolate-Chip Cookie
스킬렛에 구운 초코칩 쿠키

조리 시간 10분 / 총 소요 시간 30분

홈메이드 초콜릿 칩 쿠키를 싫어하는 사람도 있나요? 빵을 굽는 사람들에게 더없이 반가울 레시피입니다. 쿠키를 나누어 구울 필요도 없고 베이킹 팬이 식을 때까지 기다릴 필요는 더더욱 없답니다. **8인분**

무염 버터 6큰술 : 상온에 둡니다.

흑설탕 ⅓컵

알갱이 형태이 설탕 ½컵

알이 굵은 달걀 1개

바닐라 익스트랙 1작은술

중력 밀가루 1컵

베이킹 소다 ½작은술

굵은소금 ½작은술

중간 단맛의 초콜릿 칩 1컵

1. 오븐을 176℃로 예열합니다. 볼에 버터와 두 종류의 설탕을 나무 스푼으로 크림 상태가 될 때까지 섞어줍니다.

2. 달걀과 바닐라 익스트랙, 밀가루, 베이킹 소다, 소금, 초콜릿 칩을 넣어줍니다. 반죽을 오븐 사용이 가능한 25cm 스킬렛(무쇠 선호)에 옮기고 표면을 평평하게 고릅니다.

3. 쿠키가 황금색이 되고 가운데 부분이 굳을 때까지 20분 동안 구워줍니다. 자르거나 테이블에 내기 전에 5분 동안 식힙니다.

Giant Almond Crumble Cookie
자이언트 아몬드 크럼블 쿠키

조리 시간 14분 / 총 소요 시간 30분

한 덩어리로 된 큰 쿠키를 굽는 것만큼 재미있는 것도 없지요. 테이블에 하나 만들어 놓으면 모두 달려들어 떼어 먹기 바쁠 거예요. 크럼블이 올라간 견과류 맛이 나는 이 쿠키의 이탈리아식 이름은 '토르타 스브리졸로나'입니다. **8인분**

무염 버터 14큰술 + 팬에 두를 여분 : 실온에 둡니다.

중력 밀가루 1¾컵

곱게 간 아몬드 140g

설탕 ¾컵

굵은소금 ¼작은술

바닐라 익스트랙 1½작은술

1. 오븐을 176℃로 예열하고 25cm 스트링폼 팬(둥근 베이킹 판으로 바닥과 분리되어 있음)에 버터를 바릅니다. 볼에 밀가루, 아몬드 가루, 설탕, 소금, 바닐라 익스트랙을 섞은 후 패스트리 블렌더를 사용해 버터를 골고루 섞어줍니다.

2. 반죽을 손가락으로 짜서 2.5cm 크기의 덩어리를 만들어줍니다. 준비한 팬에 반죽의 ¾을 조심스럽게 눌러 넣고 남은 부스러기를 위에 골고루 뿌린 후, 쿠키가 황금색이 날 때까지 25분 동안 구워줍니다.

3. 오븐 온도를 148℃로 줄이고 밝은 갈색이 될 때까지 10분 더 구운 후, 5분 동안 식혀 냅니다.

Raspberry Sorbet
라즈베리 셔벗

조리 시간 10분 / 총 소요 시간 40분

냉동 라즈베리와 설탕, 그리고 물. 이 세 가지 재료가 합쳐 달콤한 디저트가 되었습니다. 놀랄 만큼 쉬운 데다가 무지방인 이 얼음 디저트는 푸드 프로세서 하나면 어려울 게 없답니다. **8인분**

설탕 ½컵
물 ½컵
냉동 라즈베리 680g

1. 물에 설탕을 넣어 녹이고 라즈베리는 푸드 프로세서에 넣고 굵게 다집니다. 프로세서를 작동하는 동안 설탕물을 넣고 질감이 부드러워질 때까지 버튼을 눌러가며 갈아줍니다.

2. 11cm×21cm 빵틀에 옮기고 비닐로 덮은 후 단단해질 때까지 30분 동안 얼려주면 완성입니다. (밀폐 용기에 넣어 2주까지 냉동 보관 가능.)

No-Churn Coffee Chocolate-Chip Ice Cream
젓지 않고 만드는 커피 초코칩 아이스크림

조리 시간 10분 / 총 소요 시간 10분 (냉동 시간 별도)

기계 없이 만드는 홈메이드 아이스크림? 믿기 어렵겠지만 사실입니다. 비법은 설탕이 첨가된 연유랍니다. 연유의 식감은 가히 최고라 할 만하지요. 가능하다면 먹기 하루 전에 만들어두세요. **12인분**

바닐라 익스트랙 1큰술
인스턴트커피 가루 2큰술
설탕이 첨가된 연유 ¾컵
굵은소금
헤비크림(유지방 함량이 높은 휘핑크림으로 대체 가능) 2컵
비터 스위트 초콜릿 85g : 다져주세요.

1. 큰 볼에 바닐라 익스트랙과 인스턴트커피 가루를 녹을 때까지 섞어줍니다. 여기에 연유와 소금 ¼작은술을 넣습니다.

2. 블렌더를 강으로 올려서 3분 동안 크림에 단단한 뿔이 설 때까지 거품을 냅니다. 고무 주걱을 이용해 거품을 낸 크림을, 연유와 섞은 재료에 조심스럽게 섞어주세요. 다진 초콜릿을 넣어줍니다.

3. 11cm×21cm 빵틀에 옮긴 후 랩을 잘 씌우고 단단해질 때까지 최소 12시간 동안 냉동합니다. 아이스크림은 테이블에 내기 전에 10분 정도 상온에 둡니다. (밀폐 용기에 넣어 2주까지 냉동 보관 가능.)

Blender Chocolate Mousse
블렌더로 만드는 초콜릿 무스

조리 시간 20분 / 총 소요 시간 20분 (냉장 시간 별도)

블렌더를 탈출시키고 스푼을 가져오세요! 기절할 정도로 맛있는 이 무스는 버튼만 누르면 완성됩니다. 그 위에 휘핑크림, 다진 견과류, 으깬 페퍼민트를 올립니다. 내가 좋아하는 어떤 것이라도 좋아요! **4인분**

세미 스위트 초콜릿 칩 1¼컵

설탕 3큰술

고운 소금 한 꼬집

우유 ⅔컵

알이 굵은 달걀 흰자 3개

헤비크림(유지방 함량이 높은 휘핑크림으로 대체 가능) ½컵

1. 블렌더에 초콜릿 칩, 설탕, 소금을 섞고 소스 팬에 우유를 뭉근하게 데운 후 블렌더에 옮깁니다. 1분 동안 그대로 두세요. 블렌더를 강으로 작동하고 부드럽게 될 때까지 1분간 갈아줍니다. 달걀 흰자를 넣고 강으로 1분 동안 잘 섞어주세요.

2. 170㎖ 디저트 컵 4개에 나누어 담아줍니다. 굳을 때까지 6시간에서 하룻밤 냉장합니다. 테이블에 내기 전에 부드러운 뿔이 생길 때까지 크림을 거품 낸 후 각각의 컵에 휘핑한 크림을 소량 올려 냅니다.

Molten Chocolate Cupcakes
몰튼 초콜릿 컵케이크

조리 시간 10분 / 총 소요 시간 35분

달달한 컵케이크는 보기만 해도 기분이 좋아집니다. 굽고 아이싱을 올리는 데 걸리는 시간만 뺀다면 말이지요. 이 컵케이크는 오븐에 10분만 구우면 되고 아이싱 슈거를 올려 따뜻한 상태 그대로 테이블에 냅니다. 사랑하지 않을 이유가 없겠죠? **8인분**

무염 버터 6큰술

알갱이 형태의 설탕 ½컵

알이 굵은 달걀 4개

중력 밀가루 ½컵

굵은소금 한 꼬집

세미 스위트 초콜릿 310g : 녹여주세요.

고명용 슈거파우더

1. 오븐을 200℃로 예열하고 머핀 틀에 유산지 컵을 넣습니다. 블렌더를 중-강으로 켜고 버터와 설탕이 가벼운 솜털같이 될 때까지 2분 정도 거품을 내주세요. 달걀을 한 번에 하나씩 넣고 넣을 때마다 거품을 냅니다. 믹서를 약으로 놓고 밀가루와 소금을 섞어주세요. 초콜릿을 넣고 잘 섞일 때까지 거품을 냅니다.

2. 반죽을 유산지 컵에 동일하게 나누어 ⅔ 정도 채워 넣습니다. 윗부분이 단단해지고 반짝이지 않을 때까지 10분 동안 구워줍니다. 팬을 쿨링 랙에 옮겨 10분 동안 식힌 후, 컵케이크를 팬에서 빼고 슈거파우더를 올려 냅니다.

Baked Blackberry Custard

블랙베리 커스터드

조리 시간 10분 / 총 소요 시간 35분

이름만으로도 매력적인 프렌치 디저트 클라푸티를 다르게 해석해보았습니다. 커스터드를 블렌더에 섞어 과일 위에 붓고 굽는 겁니다. 제철 과일을 사용하면 나만의 특별한 요리가 될 수 있을 거예요. **6인분**

우유 ¾컵
알이 굵은 달걀 3개
설탕 ½컵과 1큰술
중력 밀가루 ½컵
굵은소금 ¼작은술
바닐라 익스트랙 ½작은술
무염 버터 4큰술 : 녹여주세요.
블랙베리 2컵

1. 오븐을 204℃로 예열하고 블렌더에 우유, 달걀, 설탕 ½컵, 밀가루, 소금, 바닐라 익스트랙을 섞어줍니다. 녹인 버터를 넣고 부드럽게 될 때까지 30초 동안 섞어주세요.

2. 파이 틀이나 베이킹 접시에 베리를 한 겹으로 깔고 그 위에 반죽을 부어줍니다. 남은 설탕 1큰술을 위에 뿌린 후 반죽이 살짝 부풀고 가운데 부분이 단단해질 때까지 20~25분 동안 구워줍니다. 따뜻할 때 테이블에 냅니다.

Fruit Skillet Cake

스킬렛에 구운 과일 케이크

조리 시간 15분 / 총 소요 시간 1시간

다양하게 활용할 수 있는 이 반죽은 레시피에 사용한 자두나 복숭아, 더 나아가 체리 같은 씨 있는 과일과도 잘 어울릴 겁니다. 가을에는 사과나 배를, 봄에는 베리류를 넣어보세요. **6인분**

무염 버터 4큰술 + 스킬렛에 바를 여분
　　　: 실온에 둡니다.
중력 밀가루 1컵 + 스킬렛에 바를 여분
베이킹파우더 ½작은술
베이킹 소다 ¼작은술
굵은소금 ½작은술
설탕 ¾컵과 2큰술
알이 굵은 달걀 1개
버터밀크 ½컵
잘 익은 중간 크기의 자두 2개
　　　: 얇게 썰어주세요.

1. 오븐을 190℃로 예열하고 오븐 사용이 가능한 20cm 스킬렛(무쇠 선호)에 버터를 바르고 밀가루를 뿌립니다. 밀가루와 베이킹파우더, 베이킹 소다, 소금을 섞어줍니다.

2. 블렌더를 중으로 켜고 버터와 설탕 ¾컵을 색이 옅어지고 솜털같이 될 때까지 5분간 거품을 냅니다. 달걀을 넣고 계속 거품을 냅니다. 밀가루와 섞은 재료를 3번에 나누어 버터밀크와 번갈아 가며 잘 섞일 때까지 거품을 내줍니다.

3. 반죽을 준비한 스킬렛에 옮기고 위를 평평하게 해주세요. 그 위에 썰어놓은 자두를 부채처럼 펼쳐 올리고 남은 설탕 2큰술을 뿌립니다.

4. 황금색이 나고 가운데 넣은 케이크 테스터에 아무것도 묻지 않을 때까지 40분 동안 구워줍니다. 식힘망에 옮겨 테이블에 내기 전에 살짝 식히세요.

Acknowledgments
감사의 말

이 책은 재능 있는 요리 개발자, 편집자, 미술 감독일뿐만 아니라 그들 스스로 집에서 직접 요리하는 열정적인 요리사이기도 한 사람들의 번뜩이는 아이디어 덕분에 만들어졌습니다. 이 책의 내용을 구성하는 데 도움을 준 세라 케리와 루신다 스칼라 퀸 그리고 제니퍼 아론슨이 이끄는 마샤 스튜어트 리빙 옴니미디어의 푸드 팀에 감사의 말을 전합니다.

놀라운 아이디어와 리더십을 보여준 편집 감독 엘런 모리시, 편집자 에이미 콘웨이, 에벌린 바타글리아에게 감사합니다. 또한 수많은 레시피 중 훌륭한 레시피를 선별하고 책으로 엮어준 수전 루퍼트에게 감사합니다. 디자인 감독 제니퍼 와그너와 함께 이 책의 디자인을 간단하면서도 고급스럽게 만들고, 매력적인 일러스트까지 완성해준 부미술 감독 질리언 매클라우드에게 감사합니다. 서맨사 세네비라트네와 제시 다무크는 이 프로젝트에 그들의 훌륭한 요리 지식을 제공해주었습니다. 엘리자베스 에이킨과 존 마이어스는 데니즈 클레피, 앨리슨 베넥 더바인, 키요미 마시, 그리고 라이언 모너핸과 더불어 각 페이지들을 구성하는 데 큰 도움을 주었습니다. 케이티 홀데페르는 작업이 끝날 때까지 긴 시간 동안 기꺼이 우리 팀을 뒷받침해주었습니다. 늘 그래왔듯이 콘텐츠 기획 부장 에릭 파이크의 조언은 아주 유용했으며 멕래프, 요세파 팔라시오, 거트루드 포터, 커스틴 로저스, 그리고 에린 라우스에게도 감사의 말을 전합니다.

사진작가 크리스티나 홈스는 엄청난 양의 이미지들을 만들어내는 멋진 작업을 해냈습니다. 사진과 사진작가에 대한 목록은 다음 페이지에 수록했습니다. 소품 스타일리스트 메건 헤지퍼스와 팸 모리스, 그리고 미술 감독 제임스 던린슨은 그들의 정교한 감각을 페이지마다 여과 없이 불어넣어주었습니다.

마샤 스튜어트 리빙 옴니미디어의 상품 부서는 본문 속 사진에서 볼 수 있는 메이시스 팟, 팬, 그리고 그 밖의 주방용품 들을 아름다운 마샤 스튜어트 콜렉션으로 제공해주었습니다.

우리와 오랜 시간 함께 협력해온 파트너들에게 자부심을 느끼며 감사의 말을 전합니다. 클라크슨 포터 출판사, 특히 팸 크라우스와 도리스 쿠퍼, 제작 감독 메리세라 퀸, 미술 감독 제인 트루하프트, 제작 감독 리네아 놀뮬러, 제작·편집 감독 마크 맥콜슬린, 그리고 부편집장 제시카 프리먼 슬레이드에게 감사합니다. 또한 이전 편집자인 에밀리 타쿠더스와 엔젤린 보식스의 노고에 감사합니다.

Photo Credits
포토 크레딧

Index
찾아보기